人力资源和社会保障部职业能力建设司推荐
冶金行业职业教育培训规划教材

高炉热风炉操作技术

胡　先　主编
朱嘉禾　主审

U0318875

北　京
冶金工业出版社
2022

内 容 提 要

  本书为冶金行业职业技能培训教材,是参照冶金行业职业技能标准和职业技能鉴定规范,根据冶金企业的生产实际和岗位群的技能要求编写的,并经人力资源和社会保障部职业培训教材工作委员会办公室组织专家评审通过。

  书中内容主要包括高炉生产概述、热风炉用耐火材料、热风炉系统的主要设备、热风炉的燃料及燃烧计算、热风炉的操作、热风炉事故处理及设备维护等。书中内容紧密结合生产操作实际,既考虑了工艺知识的系统性,又考虑了工人技能知识的需要和提高,有很强的针对性。

  本书也可作为职业技术院校相关专业的教材,或工程技术人员的参考用书。

图书在版编目(CIP)数据

高炉热风炉操作技术/胡先主编. —北京:冶金工业出版社,2006.10
(2022.6 重印)

冶金行业职业教育培训规划教材

ISBN 978-7-5024-4070-1

Ⅰ.高… Ⅱ.胡… Ⅲ.高炉—热风炉—炉前操作(冶金炉)—技术培训—教材 Ⅳ.TF54

中国版本图书馆 CIP 数据核字(2006)第 083110 号

高炉热风炉操作技术

出版发行	冶金工业出版社	电　话	(010)64027926
地　址	北京市东城区嵩祝院北巷 39 号	邮　编	100009
网　址	www.mip1953.com	电子信箱	service@mip1953.com

责任编辑　任咏玉　宋　良　美术编辑　吕欣童　版式设计　孙跃红
责任校对　卿文春　责任印制　李玉山
北京建宏印刷有限公司印刷
2006 年 10 月第 1 版,2022 年 6 月第 4 次印刷
787mm×1092mm　1/16;9.25 印张;237 千字;135 页
定价 39.00 元

投稿电话　(010)64027932　投稿信箱　tougao@cnmip.com.cn
营销中心电话　(010)64044283
冶金工业出版社天猫旗舰店　yjgycbs.tmall.com
(本书如有印装质量问题,本社营销中心负责退换)

序

吴溪淳

改革开放以来，我国经济和社会发展取得了辉煌成就，冶金工业实现了持续、快速、健康发展，钢产量已连续数年位居世界首位。这其间凝结着冶金行业广大职工的智慧和心血，包含着千千万万产业工人的汗水和辛劳。实践证明，人才是兴国之本、富民之基和发展之源，是科技创新、经济发展和社会进步的探索者、实践者和推动者。冶金行业中的高技能人才是推动技术创新、实现科技成果转化不可缺少的重要力量，其数量能否迅速增长、素质能否不断提高，关系到冶金行业核心竞争力的强弱。同时，冶金行业作为国家基础产业，拥有数百万从业人员，其综合素质关系到我国产业工人队伍整体素质，关系到工人阶级自身先进性在新的历史条件下的巩固和发展，直接关系到我国综合国力能否不断增强。

强化职业技能培训工作，提高企业核心竞争力，是国民经济可持续发展的重要保障，党中央和国务院给予了高度重视，明确提出人才立国的发展战略。结合《职业教育法》的颁布实施，职业教育工作已出现长期稳定发展的新局面。作为行业职业教育的基础，教材建设工作也应认真贯彻落实科学发展观，坚持职业教育面向人人、面向社会的发展方向和以服务为宗旨、以就业为导向的发展方针，适时扩大编者队伍，优化配置教材选题，不断提高编写质量，为冶金行业的现代化建设打下坚实的基础。

为了搞好冶金行业的职业技能培训工作，冶金工业出版社在人力资源和社会保障部职业能力建设司和中国钢铁工业协会组织人事部的指导下，同河北工业职业技术学院、昆明冶金高等专科学校、吉林电子信息职业技术学院、山西工程职业技术学院、山东工业职业学院、安徽工业职业技术学院、武汉钢铁集团公司、山钢集团济钢公司、云南文山铝业有限公司、中国职工教育和职业培训协会冶金分会、中国钢协职业培训中心、中国钢协人力资源与劳动保障工作委员会教育培训研究会等单位密切协作，联合有关冶金企业、高职院校和本科院校，编写了这套冶金行业职业教育培训规划教材，并经人力资源和社会保障部技工教育和职业培训教材工作委员会组织专家评审通过，由人力资源和社会保障部职业能力建设司给予推荐，有关学校、企业的编写人员在时间紧、任务重的情况下，克服困难，辛勤工作，在相关科研院所的工程技术人员的积极参与和大力支持下，出色地完成了前期工作，为冶金行业的职业技能培训工作的顺利进行，打下了坚实的基础。相信这套教材的出版，将为冶金企业生产一线人员理论水平、操作水平和管理水平的进一步提高，企业核心竞争力的不断增强，起到积极的推进作用。

随着近年来冶金行业的高速发展，职业技能培训工作也取得了令人瞩目的成绩，绝大多数企业建立了完善的职工教育培训体系，职工素质不断提高，为我国冶金行业的发展提供了强大的人力资源支持。今后培训工作的重点，应继续注重职业技能培训工作者队伍的建设，丰富教材品种，加强对高技能人才的培养，进一步强化岗前培训，深化企业间、国际间的合作，开辟冶金行业职业培训工作的新局面。

展望未来，任重而道远。希望各冶金企业与相关院校、出版部门进一步开拓思路，加强合作，全面提升从业人员的素质，要在冶金企业的职工队伍中培养一批刻苦学习、岗位成才的带头人，培养一批推动技术创新、实现科技成果转化的带头人，培养一批提高生产效率、提升产品质量的带头人；不断创新，不断发展，力争使我国冶金行业职业技能培训工作跨上一个新台阶，为冶金行业持续、稳定、健康发展，做出新的贡献！

前　言

　　本书是按照人力资源和社会保障部的规划,受中国钢铁工业协会和冶金工业出版社的委托,在编委会的组织安排下,参照冶金行业职业技能标准和职业技能鉴定规范,根据冶金企业的生产实际和岗位群的技能要求编写的。书稿经人力资源和社会保障部技工教育和职业培训教材工作委员会办公室组织专家评审通过,由人力资源和社会保障部职业能力建设司推荐作为冶金行业职业技能培训教材。

　　书中内容主要包括高炉生产概述、热风炉用耐火材料、热风炉系统的主要设备、热风炉的燃料及燃烧计算、热风炉的操作、热风炉事故处理及设备维护等。书中内容紧密结合生产操作实际,既考虑了工艺知识的系统性,又考虑了工人技能知识的需要和提高,有很强的针对性。

　　本书由首钢工学院朱嘉禾教授主审,首钢高级技工学校胡先主编,其中第1章、第2章、第4章和第5章由胡先编写,第3章、第6章由首钢高级技工学校杨彦娟编写,附录由胡先和杨彦娟编写。

　　在编写工作中参阅了有关炼铁方面的著作、杂志以及有关人员提供的资料与经验总结,在此向有关作者和出版单位致谢。同时,在编写过程中,得到王雅贞老师的支持和帮助,在此表示感谢。

　　本书对冶金类高职高专师生、现场从事炼铁工作的技术人员,亦有一定的参考价值。

　　由于编者水平和知识面所限,书中不足之处,敬请广大读者批评指正。

编　者
2006 年 5 月

目　　录

1 高炉生产概述

炼铁生产的方法有两种:一种是高炉炼铁法,另一种是非高炉炼铁法。高炉炼铁工艺比较成熟,具有生产设备大型化、生产效率高、能源利用率高、使用寿命长等一系列的优势,因此国内外主要采用高炉炼铁法。

1.1 高炉炼铁的工艺流程

1.1.1 高炉工艺流程

在高炉炼铁生产中,"高炉"是工艺流程的主体,从高炉上部装入的含铁矿石(包括烧结矿、球团矿和天然富矿石)、燃料(焦炭)及辅助原料(熔剂、洗炉剂和含钛矿石)等炉料,自上而下运行;从高炉下部风口鼓入预热的空气,燃料燃烧,产生大量的热量和还原性气体自下向上运动;炉料经过加热、还原、熔化、造渣、渗碳、脱硫等一系列物理化学过程,最后生产出液态生铁和炉渣。

高炉炼铁生产的工艺流程如图 1-1 所示。

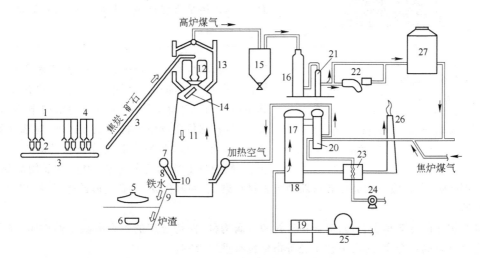

图 1-1 高炉炼铁工艺流程及外围设备示意图

1—矿石料仓;2—称量料斗;3—传送带;4—焦炭料仓;5—铁水罐车;6—渣罐车;7—热风围管;
8—热风支管;9—出铁口;10—风口;11—高炉;12—炉顶料罐;13—放散管;14—旋转溜槽;
15—除尘器;16—文氏管洗涤器;17—蓄热室;18—热风炉;19—空气脱湿机;20—燃烧室;
21—气雾分离器;22—炉顶气体压力发电机;23—热风炉燃烧所用空气的预热装置;
24—热风炉燃烧用的鼓风机;25—高炉鼓风机;26—烟囱;27—高炉煤气贮气罐

1.1.2 高炉本体

高炉本体是冶炼生铁的主要设备,它是一个竖式圆筒形冶炼炉,由炉基、炉壳、炉衬、冷却设备和支柱或框架等部分组成。内衬用耐火材料砌筑,砌筑后的高炉内部形成的工作空间形状称为高炉炉型或高炉内型。

1.1.2.1　炉型

现代高炉炉型由炉缸、炉腹、炉腰、炉身和炉喉等组成。在炉缸部位设有风口、铁口、渣口等设备。中小型高炉一般设两个渣口和一个铁口;大型高炉采用多个铁口出铁,不设渣口。高炉内型结构如图 1-2 所示。

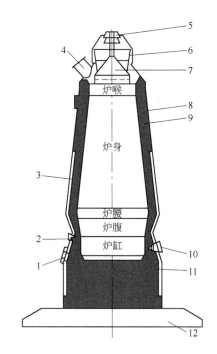

图 1-2　高炉内型结构示意图
1—铁口;2—风口;3—冷却器;4—煤气导出管;
5—小料钟;6—大料斗;7—大料钟;
8—炉壳;9—炉衬;10—渣口;
11—炉底;12—炉基

高炉大小用"有效容积"表示。高炉有效容积是炉料在炉内实际占有的体积,由五段容积之和组成。高炉有效容积是指从高炉出铁口中心线水平面到钟式布料大料钟下行位置下缘水平面,或无钟布料的布料溜槽垂直位置底部水平面之间的容积。目前,我国最大的高炉是宝钢 3 号高炉,有效容积为 $4350\ m^3$;世界上最大的高炉是德国蒂森公司的高炉,有效容积为 $6183\ m^3$。

1.1.2.2　高炉炉壳、炉衬及冷却设备

高炉炉壳由锅炉钢板或低合金高强度钢板焊接而成,其作用是承受荷载,强固炉体,密封炉墙,并固定冷却设备。

炉衬由耐火材料砌筑而成,其作用是构成高炉工作空间,减少高炉热损失,并保护炉壳和其他金属构件免受热应力和化学侵蚀作用。由于高炉炉体各部位内衬的工作条件及炉衬本身的结构不相同,因此,炉衬各部位所砌耐火材料也有区别;应选择具有抵抗破坏能力强,且适应其工作条件的耐火材料砌筑;一般炉身上部砌筑黏土砖,炉身下部用高铝砖,高炉下部的炉腰、炉腹可用高铝砖或新型耐火材料砌筑,如氮化硅砖、碳化硅砖等,炉缸和炉底部位用碳砖。

高炉炉体的冷却是否合理,对保护砖衬和金属构件、保持合理的炉型有决定性作用,在很大程度上决定着高炉寿命,对高炉技术经济指标也有重要影响。

高炉炉体冷却的作用是:降低炉衬温度,保持砖衬具有一定的强度,维护炉型,延长寿命;形成保护性渣皮,保护炉衬;保护炉壳、支柱等金属结构,免受高温影响;有些冷却设备对部分砖衬还可以起到支撑的作用。

高炉的冷却方式有强制冷却和自然冷却两种。强制冷却具有冷却强度大的优点,而自然冷却具有设备简单的长处,因此,小高炉常用外部喷水自然冷却,大中型高炉采用强制冷却。目前,强制冷却有水冷、风冷和汽化冷却三种。当前风冷主要用于炉底;水冷是高炉最通用的冷却方法;汽化冷却是利用接近沸点的软水吸收冷却设备的热量用于自身的蒸发,通过汽化潜热带走受热部件的热量。汽化冷却主要用于高炉风口的冷却,并且逐渐被软水闭路强制循环所代替。汽化冷却目前还存在热负荷高时汽化循环不稳定,冷却设备易烧坏,损坏后不易检漏,对炉衬侵蚀情况反应不敏感等一些具体问题,因此应用并不广泛。

高炉用的冷却设备有冷却水箱(扁水箱和支梁式水箱)、冷却壁(光面冷却壁和镶砖冷却壁)和冷却板三种。炉底、炉缸一般都用光面冷却壁,用工业水冷却;炉腹、炉腰高热负荷区域用镶砖冷却壁和冷却板,用软水冷却;炉身中下部用支梁式水箱或带凸台的镶砖冷却壁,用软水冷却。

1.1.3　高炉的附属系统

高炉除本体外,还有供料和上料系统、炉顶装料系统、送风系统、煤气净化系统、渣铁处理系统、喷吹系统及动力系统等附属系统。

1.1.3.1　供料和上料系统

供料和上料系统的任务是贮存、混匀、筛分、称量原料和燃料,并运送到炉顶受料漏斗,它包括贮矿场、贮矿槽、贮焦槽、筛分设备、称量设备、运料设备等。

贮矿槽是主要的供料设备,起短期贮料的作用。贮矿槽的容积与数目,根据料种多少、高炉容积大小、强化程度和运输设备可靠性而定。目前,槽下供料有两种方式,即称量车供料和带式运输机供料。

(1) 称量车供料:设备庞大,投资多,维护困难,也不容易实现自动化,因此新建大型高炉均不再使用。

(2) 带式运输机供料:优点是设备简单、投资少、容易实现自动化;但是它只适应于原料品种少和冷烧结矿的高炉。当前高炉大量使用冷烧结矿,所以带式运输机已被广泛应用。

向炉顶上料有料车上料和皮带上料两种方式。我国早期兴建的高炉采用料车上料。当前高炉向大型化发展,容积已达 3000～5000 m³,料车上料已不能满足生产的要求,所以大型高炉向炉顶供料均采用皮带运输机。皮带上料机的优点是上料能力大,上料连续,效率高;设备简单,重量轻,投资少;容易实现自动化。但是只能适用原料品种少和冷矿的高炉。

1.1.3.2　炉顶装料系统

炉顶装料系统的任务是按工艺和冶炼的要求将上料系统运来的炉料均匀地装入炉内。炉顶装料系统分为钟式炉顶和无钟炉顶两种。

(1) 双钟炉顶布料:早期建造的高炉多采用此种布料方式。它包括受料漏斗、旋转布料器、大小钟漏斗、大小钟、大小钟平衡杆和探尺等。若高压操作,还有均压阀和放散阀。双钟炉顶布料不均匀;双钟一阀式和双钟四阀式的体积大,重量也重,且制造、安装、维修困难。

(2) 无钟炉顶:在 20 世纪 70 年代开始应用于大型高炉。其构造是用一个旋转流槽取代了大小料钟及漏斗,溜槽可以绕高炉中心线旋转,也可以在径向上摆动。溜槽正上方有一个气密齿轮箱,用以控制溜槽旋转与摆动。溜槽上面有两个料仓,轮换装料与卸料,每个料仓的上下各有一个密封阀。当料仓的上密封阀开启,下密封阀关闭时,则处在装料状态,反之则为卸料。

1.1.3.3　送风系统

送风系统的任务是将鼓风机房送出的冷风加热后送入高炉。高炉送风系统的设备是由鼓风机、冷风管道、热风炉、热风管道、煤气管道、废气管道,以及设置在上述管道上的各种阀门和烟囱、烟道等部分所组成。

(1) 鼓风机:是向高炉供给空气的设备。高炉用鼓风机有轴流式风机和离心式风机两种。目前国内外使用轴流式风机者居多,我国小高炉多采用罗茨风机。为适应高炉大型化发展和超高压操作的需要,鼓风机也向着大流量、高压力、高转速、大功率、高自动化水平的方向发展。

当前轴流式鼓风机的能力已到:风量 10000 m³/min,风压 0.7 MPa,功率 70000 kW。

（2）热风炉:是加热冷风的关键设备。它由蓄热室和燃烧室组成。蓄热式热风炉有内燃式、外燃式和顶燃式三种。由于蓄热式热风炉只能交替加热和送风,因此一座高炉一般配备 3～4 座热风炉。由于内燃式热风炉自身的缺陷限制了风温的进一步提高,所以新建的大中型高炉都采用外燃式热风炉或顶燃式热风炉。新型热风炉已能向高炉提供 1400℃ 高温的热风。

1.1.3.4　煤气净化系统

煤气净化系统的任务是将炉顶引出的含尘量很高的荒煤气净化成合乎要求的气体燃料。高炉煤气是炼铁的副产品,每炼 1 t 生铁大约可产生 2000 m³ 煤气,其中 CO、H₂ 和少量的 CH₄ 等为可燃成分,它们的含量随高炉生产的波动而波动,一般不超过 50%,高炉煤气的发热值很低,可与焦炉煤气混合使用。高炉煤气可作为热风炉、锅炉和各种冶金炉的燃料。

荒煤气里含尘量达 10～40 g/m³,这种煤气也称为粗煤气,必须经除尘处理净化后才能作为燃料使用。除尘方法有湿法除尘和干法除尘两种。

（1）湿法除尘:中小型高炉煤气采用湿法除尘,其流程如下:炉顶荒煤气→重力式除尘器→洗涤塔→文氏管(或静电除尘器)→脱水器→净煤气。大型高炉煤气净化的流程为:炉顶荒煤气→重力除尘器→一级文氏管洗涤器→二级文氏管洗涤器→脱水器→净煤气。高压高炉还设有高压阀组。

（2）干法除尘:干法除尘有袋式除尘和电除尘两种。高压操作的大型高炉多用电除尘。

1.1.3.5　渣铁处理系统

渣铁处理系统的任务是定期将炉内的熔渣、铁水出净,保证高炉连续生产。随着高炉大型化和强化冶炼,生产量猛增,一座高炉日产渣、铁逾万吨,处理这些渣、铁不仅要有足够的运输能力,同时还要有高度机械化、自动化的处理设备,以及良好的劳动环境。高炉渣铁处理的一般流程如图 1-3 所示。

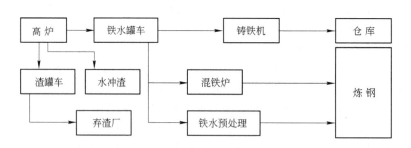

图 1-3　渣铁处理流程

高炉渣铁处理设备包括出铁平台、泥炮、开口机、炉前吊车、铁水罐、铸铁机、堵渣机、渣罐、水渣池以及炉前水力冲渣设施等。除巨型高炉采用多铁口连续出铁外,中小型高炉大约一个多小时出一次铁。铸造生铁的铁水送入铸铁机铸成生铁块或送往铸造车间浇铸成铸件。炼钢生铁送至炼钢厂炼钢。高炉炉渣的处理根据其利用途径来选择。传统的渣罐车—弃渣场的处理法,已被淘汰。目前广泛采用的是水淬处理,其次是干渣块利用,此外还有少量的渣棉及其他用途。

1.1.3.6　高炉喷吹系统

高炉喷吹燃料是强化冶炼、降低焦比的有效措施,喷吹的燃料有煤粉、重油、天然气、焦炉煤气等。高炉喷吹系统的任务包括对煤粉的磨制、收存和计量,并把煤粉或重油从风口喷入炉内。目前我国的喷吹系统是以喷煤粉为主,喷煤系统由制粉、输送和喷吹三部分组成,主要设备包括制粉机、煤粉输送设备、收集罐、贮存罐、喷吹罐、混合器和喷枪等。喷油系统有卸油泵、贮油罐、过滤器、送油泵、稳压罐、调整装置及喷枪等设备。

1.1.3.7 动力系统

动力系统的任务是为高炉各系统提供保障服务。该系统包括水、电、压缩空气、氮气、蒸汽等生产供应部门。

1.2 高炉冶炼的基本过程

1.2.1 高炉炼铁生产过程

高炉炼铁生产过程就是将铁矿石在高温下冶炼成生铁的过程。全过程是在炉料自上而下、煤气自下而上的相对运行、相互接触过程中完成的。

高炉生产所用的原料是含铁的矿石,包括烧结矿、球团矿和天然富矿石;燃料主要是焦炭;辅助原料为熔剂和洗炉剂等。通过上料系统和炉顶装料系统按一定料批、装入顺序从炉顶装入炉内;自风口鼓入经热风炉预热到 $1000\sim1300℃$ 的热风,炉料中的焦炭在风口前与鼓入热风中的氧发生燃烧反应,产生高温和还原性气体;这些还原性气体在上升过程中加热缓慢下行的炉料,并将铁矿石中的铁氧化物还原成为金属铁。矿石温度升高到软化温度后,已熔融部分的液滴向下滴落,矿石中未被还原的成分形成熔渣,实现渣铁分离。已熔化的渣铁聚集在炉缸内,发生诸多反应,最后调整铁液的成分和温度达到终点,定期从炉内排放熔渣和铁水。上升的高炉煤气流,将能量传递给炉料而温度逐渐降低,最终形成高炉煤气从炉顶导出管排出。整个过程取决于风口前焦炭的燃烧,上升煤气流与下行炉料间进行的一系列的传热、传质以及干燥、蒸发、挥发、分解、还原、软熔、造渣、渗碳、脱硫等物理化学变化。因此,高炉实质上是一个炉料下行、煤气上升的两个逆向流运动的反应器。

高炉冶炼过程可分为五个主要区域,这五个区域称为五带或五层,即块状带、软熔带、滴落带、风口带及渣铁带。在下行的炉料与上升的煤气流相向运行的过程中,原料的吸热、熔化、还原、渣铁的形成、各种热交换等在五个区域中依次进行(如图1-4所示):

(1)块状带:炉料以块状存在的区域。在炉内料柱的上部,矿石与焦炭始终保持着明显的固态层次而缓缓下行,但层状逐渐趋于水平,且厚度也逐渐变薄。

(2)软熔带:炉料由开始软化到软化终了的区域。此区域是由许多固态焦炭层和粘结在一起的半熔融的矿石层组成,焦炭与矿石相间,层次分明。由于矿石呈软熔状透气性极差,上升的煤气流主要从像窗口一样的焦炭层空隙通过,因此又称其为"焦窗"。软熔带的上缘是软化线,即矿石开始软化的温

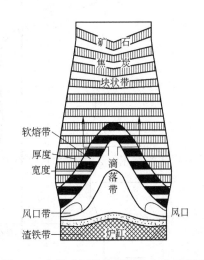

图1-4 高炉内固体炉料形态变化示意图

度;下缘是熔化线,即矿石熔化的温度,它和矿石的软熔温度区间相一致;其最高部位称为软熔带顶部,其最低部位与炉墙相连接,称为软熔带的根部。

(3)滴落带:矿石熔化后呈液滴状滴落的区域,它位于软熔带之下,矿石熔化后形成的渣铁像雨滴一样穿过固态焦炭层而滴落进入炉缸。

(4)风口带:即风口前端的区域。风口前的焦炭受到鼓风动能的作用在剧烈地做回旋运动并在运动中燃烧,形成一个半空状态的焦炭回旋区,这个小区域是高炉中存在的唯一氧化性气氛的区域。

(5)渣铁带:液体渣铁贮存的区域,位于炉缸的下部,主要是液态渣铁以及浸入其中的焦炭。铁滴穿过渣层以及渣铁界面后最终完成必要的渣铁反应,得到合格的生铁。

高炉冶炼过程中各区域的主要反应和热交换情况见表 1-1。

表 1-1   炉内各区域的反应和热交换情况

区　域	相　向　运　动	热　交　换	反　应
块状带	炉料(矿石、焦炭)在重力作用下下行;煤气因鼓风压力而上升	上升的煤气流对固体炉料进行热交换	焦炭的挥发,水分的蒸发、分解,氧化物的间接还原,碳酸盐的分解
软熔带	焦炭缝隙影响煤气流的分布	矿石软化半熔,上升的煤气对软化半熔层进行传热	矿石进行直接还原和渗碳
滴落带	固体(焦炭)、液体(渣铁液)下行,煤气上升	上升煤气使焦炭、渣铁液升温,滴下的渣铁液和焦炭进行热交换	合金元素的还原,脱硫和渗碳
风口带	鼓风使焦炭回旋运动	反应放热使煤气温度升高	燃料的燃烧
渣铁带	铁水、熔渣临时贮存,从渣、铁口放出	铁水、熔渣和炉缸中的焦炭进行热交换	完成必要的渣铁反应(如脱硫、直接还原反应)得到合格的生铁

1.2.2   高炉冶炼的主要反应

高炉炉内的反应如图 1-5 所示。

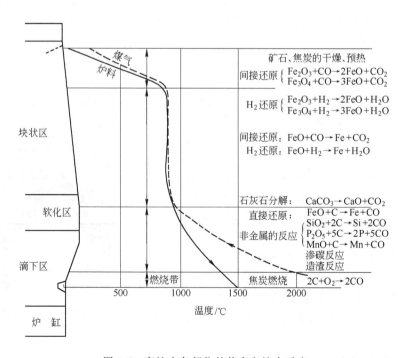

矿石、焦炭的干燥、预热

间接还原 $\begin{cases} Fe_2O_3+CO \rightarrow 2FeO+CO_2 \\ Fe_3O_4+CO \rightarrow 3FeO+CO_2 \end{cases}$

H_2 还原 $\begin{cases} Fe_2O_3+H_2 \rightarrow 2FeO+H_2O \\ Fe_3O_4+H_2 \rightarrow 3FeO+H_2O \end{cases}$

间接还原: $FeO+CO \rightarrow Fe+CO_2$

H_2 还原: $FeO+H_2 \rightarrow Fe+H_2O$

石灰石分解: $CaCO_3 \rightarrow CaO+CO_2$

直接还原: $FeO+C \rightarrow Fe+CO$

非金属的反应 $\begin{cases} SiO_2+2C \rightarrow Si+2CO \\ P_2O_5+5C \rightarrow 2P+5CO \\ MnO+C \rightarrow Mn+CO \end{cases}$

渗碳反应

造渣反应

焦炭燃烧 $2C+O_2 \rightarrow 2CO$

块状区

软化区

滴下区

燃烧带

炉缸

煤气

炉料

500   1000   1500   2000

温度/℃

图 1-5   高炉内各部位的状态和炉内反应

1.2.2.1 蒸发、分解与气化

A 水分的蒸发和结晶水的分解

装入炉内的炉料,或多或少都含有一定的水分,这些水分包括有吸附水和结晶水。依靠微弱的表面能吸附在炉料颗粒外表面和孔隙表面的水为吸附水,也称物理水;与炉料中的氧化物化合成为化合物的水是结晶水,也称化合水。

吸附水在炉料加热到105℃时就激烈蒸发,蒸发消耗的热量虽然不多,但会使炉顶温度有所降低,对高炉冶炼过程不会产生明显影响。

炉料中的结晶水在200℃左右开始分解,到400~500℃时剧烈分解,结晶水分解完毕需要的时间与炉料颗粒大小有关。温度高于1000℃时,结晶水如尚未完全分解,分解出来的水汽则会与焦炭中的碳发生碳水反应。

$$H_2O_汽 + C_焦 = H_2 + CO \qquad \Delta H = +124450 \text{ kJ} \qquad (1-1)$$

这个反应是吸热反应,并且直接消耗碳,致使焦比升高。由于结晶水分解造成矿石破碎而产生粉末,炉料透气性变差,对高炉稳定顺行不利。

B 碳酸盐的分解

炉料中的碳酸盐主要是熔剂带入的,有时矿石的脉石也含有少量碳酸盐。带入的碳酸盐常以 $CaCO_3$、$MgCO_3$、$FeCO_3$、$MnCO_3$ 等形式存在,以前两种为主。$MgCO_3$、$FeCO_3$、$MnCO_3$ 分解温度较低,对高炉冶炼影响不大。$CaCO_3$ 分解温度较高,对冶炼影响较大。$CaCO_3$ 分解的反应式为:

$$CaCO_3 = CaO + CO_2 \qquad \Delta H = +17800 \text{ kJ} \qquad (1-2)$$

反应达到平衡时,CO_2 的压力称为 $CaCO_3$ 的分解压,用 p_{CO_2} 表示。当其分解压 p_{CO_2} 大于周围环境气氛中 CO_2 的分压(p'_{CO_2})时,$CaCO_3$ 开始分解。当 p_{CO_2} 增大到等于环境的总压力($p_总$)时,$CaCO_3$ 剧烈分解。$CaCO_3$ 的分解与石灰石粒度有关,块度越大分解需要的时间越长;若炉料到达高温区石灰石还未分解完,则分解出来的 CO_2 会与焦炭中的碳反应:

$$CO_2 + C_焦 = 2CO \qquad \Delta H = +165800 \text{ kJ} \qquad (1-3)$$

此反应大量吸热,并直接消耗焦炭,会使焦比升高,对冶炼不利。

C 气化

有些物质在高炉内会气化。高炉内被还原的元素有 P、As、K、Na、Pb、Zn 和 S 等;此外还有还原过程的中间产物 SiO、Al_2O 和 PbO 等,以及在炉内生成的化合物 SiS、CS 和由原料带入的 CaF_2 等。这些成分在下部高温区会蒸发或升华。蒸发或升华的气体一部分随煤气或炉渣排出炉外,另一部分在随煤气上升的过程中因温度的降低而凝聚;有些再次随炉料下行到高温区,重复气化—凝聚的过程,造成"循环累积"。凝聚在冷炉壁和炉料表面上的气化物质,轻者阻塞炉料孔隙,增大对煤气流的阻力,降低料块强度;重者导致炉料难行、悬料以及炉墙结瘤等。

1.2.2.2 燃烧反应

在高温和碳过剩的条件下,风口前的碳与风中的氧(O_2)进行着燃烧反应,燃烧物是焦炭和喷吹燃料,燃烧产物为 CO、H_2 和 N_2,即炉缸煤气。最终碳氧反应为不完全燃烧:

$$2C + O_2 = 2CO \qquad \Delta H = -235131 \text{ kJ} \qquad (1-4)$$

燃烧反应为放热反应,不仅为炉内其他物理、化学反应提供了所需要的还原剂和热量,同时也为炉料的下行创造了条件。因此燃烧反应是高炉冶炼的基础和关键。

1.2.2.3　铁矿石的还原

在高炉内的反应中,最主要的是铁氧化物的还原反应。还原铁矿石的还原剂为 CO、C 和 H_2。无论是生产实践还是科学研究都已证明:铁氧化物的还原过程不管使用哪种还原剂,都将按下列顺序由高价铁氧化物逐步向低价铁氧化物还原,即:

　　　　小于 570℃　　　　　　　　$Fe_2O_3 \rightarrow Fe_3O_4 \rightarrow Fe$

　　　　大于 570℃　　　　　　　　$Fe_2O_3 \rightarrow Fe_3O_4 \rightarrow Fe_xO \rightarrow Fe$

Fe_xO 常称为浮氏体,小于 570℃ 不能稳定存在,将分解为 $Fe_3O_4 + \alpha\text{-}Fe$。为讨论方便起见,$Fe_xO$ 参与反应时常写成 FeO,认作固定化合物。

炉内以 CO 作为还原剂,气相产物为 CO_2 的还原反应称为间接还原,是放热反应。以碳(C)作为还原剂,气相产物为 CO 的还原反应称为直接还原,是吸热反应。直接还原与间接还原区域的划分主要取决于碳的气化反应 $C + CO_2 = 2CO$ 进行的情况;碳的气化反应迟或早又取决于焦炭的反应性;高炉所用的冶金焦炭一般在 800℃ 才开始发生碳的气化反应,到 1100℃ 时气化反应激烈进行。因此炉内低于 800℃ 的区域称为间接还原区;800~1100℃ 的区域为间接还原和直接还原同时存在的区域;大于 1100℃ 的区域是直接还原区。

高炉内除铁元素还原外,还有 Mn(锰)、Si(硅)、P(磷)及其他元素的还原。炉料中的 Cu(铜)、As(砷)、Co(钴)、Ni(镍)最易被还原,几乎全部进入铁水;Mn(锰)、Si(硅)、V(钒)、Ti(钛)等较难被还原,只有部分经碳直接还原而进入生铁中。

1.2.2.4　生铁和炉渣的形成

(1)生铁的形成:生铁的形成主要是渗碳和其他元素进入的过程。最初被还原的铁为固态海绵铁。海绵铁在下行过程中碳不断地渗入,熔点逐渐降低,最后熔化为金属铁滴,在穿过焦炭孔隙向炉缸滴落过程中,开始大量渗碳。碳含量达到 4.3% 时为共晶生铁,熔点最低,因此生铁中的碳含量一般在 4.0% 左右。生铁中碳的最终含量与生铁中其他合金元素含量有关;凡是与碳作用能形成稳定化合物的元素,都能促进渗碳,如 Mn、Cr、V、Ti 等;凡是促进碳化物分解,与铁作用形成稳定化合物的元素均能阻止渗碳,如 Si、P、S 等。

(2)炉渣的形成:矿石中除铁氧化物外还有脉石,以 SiO_2 和 Al_2O_3 为主要成分,焦炭灰分中80% 以上也是 SiO_2 和 Al_2O_3,这些高熔点的酸性氧化物与熔剂中的碱性氧化物如 CaO、MgO,在一定温度下,相互作用生成低熔点的化合物而形成初渣。初渣中含有较多的 FeO 和 MnO。在下行过程中,MnO 和 SiO_2 部分被还原,FeO 大部分被还原,炉渣中 CaO、MgO 的含量则逐渐增多,因而炉渣的熔化温度和黏度也随之变化。当到达风口氧化带后,焦炭和喷吹燃料燃烧后的灰分也进入炉渣;下行到炉缸中的熔渣完成了硅的还原和脱硫反应以后成为终渣。炉渣密度比铁水小而浮在铁水的上面,充填在焦炭块的缝隙中,定期从渣口和铁口放出。

1.3　高炉冶炼的产品

高炉生产的主要产品是生铁,副产品有炉渣、煤气和炉尘。

1.3.1　生铁

生铁和钢都是铁碳合金,主要区别是碳含量不同,从 Fe-Fe_3C 相图得出,碳含量大于0.0218%、小于 2.11% 的铁碳合金为钢,碳含量大于 2.11% 的铁碳合金称为生铁。在钢铁生产中,碳含量不大于 0.0218% 的铁碳合金为工业纯铁。

高炉冶炼的主要产品是生铁,生铁又分为炼钢生铁、铸造生铁和铁合金(如锰铁、硅铁)等三类。炼钢生铁和铸造生铁的区别在于硅含量不同,硅含量大于 1.25% 的是铸造生铁。铸造生铁含碳量高,具有硬而脆的特性,对于要求有一定韧性、塑性的场合就不适用了。现在高炉生产的产品多为炼钢生铁,也就是为炼钢生产准备原料。

1.3.2 炉渣

炉渣有许多用途。液态炉渣用水急冷可制成水渣,是良好的制砖和制水泥的原料。液态炉渣用高压蒸汽或压缩空气吹成渣棉,作绝热材料。自然冷凝后的干渣也是制砖和生产水泥的原料,还可以制成其他建筑材料。

1.3.3 高炉煤气

每冶炼 1 t 生铁能产生 1700~2500 m³ 的煤气,其化学成分为 CO_2 含量 15%~20%、CO 含量 20%~30%、H_2 含量 1%~3%、氮含量 56%~58%,以及少量的 CH_4,经除尘后可成为很好的低发热值气体燃料,发热值一般为 3349~4187 kJ/m³。

高炉煤气是无色、无味的气体,含 CO 较高。CO 与人体红血素的亲和力比与氧的亲和力大 210 倍,人体吸入后经肺部进入血液,很快形成碳氧血色素使血液失去供氧能力,导致全身组织尤其中枢神经系统严重缺氧,致使中毒甚至死亡。

当煤气与空气或氧气混合达到一定比例,且温度在着火点以上时,就会发生爆炸。

因此,在煤气区域工作要特别注意防火、防爆和防煤气中毒事故的发生。

1.3.4 炉尘

炉尘又称瓦斯灰,是随高速上升的煤气带出高炉的细颗粒炉料,在除尘系统中与煤气分离。炉尘中铁含量为 30%~45%,碳含量为 8%~20%,每冶炼 1 t 生铁产生 10~150 kg 的炉尘。炉尘回收后可作为生产烧结矿的原料加以利用。

1.4 高炉生产的主要技术经济指标

对高炉生产的技术水平和经济效益的总要求是高产、优质、低耗、长寿和安全。其主要指标如下所述。

1.4.1 高炉有效容积利用系数

高炉有效容积利用系数是衡量高炉生产效率的一个重要指标。高炉有效容积利用系数 η(单位为 t/(m³·d))是指每立方米高炉有效容积 V_u(m³)一昼夜生产的合格炼钢生铁吨数 P(t)。即:

$$\eta = P/V_u \tag{1-5}$$

如果生产的生铁不是炼钢生铁,需要将所生产的生铁产量折算成炼钢生铁产量。各牌号生铁折合炼钢生铁系数见附表10。

1.4.2 焦比

(1)干焦比:干焦比通常简称为焦比,干焦比 K 是指冶炼 1 t 生铁所消耗的干焦量 Q(kg),单位是 kg/t。即:

$$K = Q/P \tag{1-6}$$

(2) 煤比:煤比 Y 是指冶炼 1 t 生铁所消耗的煤粉量 $Q_y(\mathrm{kg})$,单位是 kg/t。即:

$$Y = Q_y/P \tag{1-7}$$

(3) 综合焦比:综合焦比 $K_综$ 是指冶炼 1 t 生铁所消耗的干焦量和其他燃料所能代替的干焦量之和,单位是 kg/t。即:

$$K_综 = \frac{Q + Q_y \times R + \cdots}{P} \tag{1-8}$$

式中,R 为煤粉的置换比。

各种燃料折合干焦的系数即置换比见附表 11。

(4) 综合燃料比:综合燃料比 $K_燃$ 是指冶炼 1 t 生铁所消耗的干焦量与其他燃料量之和,单位是 kg/t。即:

$$K_燃 = \frac{Q + Q_y + \cdots}{P} \tag{1-9}$$

以上四个指标是衡量高炉能耗高低的重要指标。

1.4.3　冶炼强度

冶炼强度简称冶强,分为干焦冶强和综合冶强。

(1) 干焦冶强:干焦冶强 I 是指高炉每昼夜每立方米高炉有效容积所燃烧的焦炭量,单位是 $\mathrm{t/(m^3 \cdot d)}$。即:

$$I = \frac{Q}{V_u} \tag{1-10}$$

(2) 综合冶强:综合冶强 $I_综$ 是指高炉每昼夜每立方米高炉有效容积所燃烧的综合燃料总量,单位是 $\mathrm{t/(m^3 \cdot d)}$,公式为:

$$I_综 = \frac{Q + Q_y + \cdots}{V_u} \tag{1-11}$$

冶炼强度是衡量高炉强化冶炼程度的重要指标。

1.4.4　焦炭负荷

焦炭负荷是用以估计配料情况和燃料利用水平,也是用配料调节高炉热状态的重要参数:

$$焦炭负荷 = \frac{每批炉料中铁矿石的重量}{每批炉料中焦炭的重量} \tag{1-12}$$

1.4.5　休风率

休风率是指高炉休风停产时间占规定日历作业时间的百分数,公式为:

$$休风率 = \frac{休风时间}{规定日历作业时间} \tag{1-13}$$

规定日历作业时间是指日历时间减去计划大、中修时间和封炉时间。休风率是衡量高炉设备维护好坏的一个重要指标。

1.4.6　生铁合格率

生铁合格率是一个品质指标,生铁的化学成分符合国家标准时称为合格生铁。生铁合格率则是指合格生铁量占高炉总产铁量的百分比,公式为:

$$生铁合格率 = \frac{合格生铁产量}{生铁总产量} \qquad (1-14)$$

生铁的国家品质标准见附表 4、附表 5 和附表 6。

1.4.7 生铁成本

生铁成本是冶炼 1 t 生铁所需要的费用,公式为:

$$生铁成本 = \frac{全部费用}{生铁总产量} \qquad (1-15)$$

它包括原料、燃料、动力、工资及管理等费用。生铁成本是评价高炉经济效益好坏的一个重要指标。

1.5 高炉炼铁技术发展趋势

炼铁技术近年来飞速发展,主要进展有以下几个方面:

(1) 高炉容积向大型化发展。世界上已有很多座 4000 m³ 以上的高炉投入生产,最大的容积达到 6000 m³ 以上,由于高炉大型化,生铁产量增加,焦比降低,效率提高,成本降低,易于实现机械化和自动化,我国自 20 世纪 80 年代以来已有多座 4000 m³ 以上的高炉投入生产,为我国向钢铁大国迈进提供了基本条件。

(2) 改善原燃料条件,普遍使用精料。原料品位高,熟料比高,粒度小,含粉率低,成分、粒度稳定等方面,尤其在改善人造矿石品质,提高矿石的高温冶金性能,加强整粒,改善炉料结构,提高焦炭品质等应投入更大的精力,这是改善高炉生产最基础的条件。

(3) 喷吹技术。采用大喷吹量,或喷吹适于当地条件的其他燃料代替焦炭。应用配煤喷吹技术,同时采用富氧鼓风、高风温和精料等技术,进一步提高喷煤量,达到降低生铁成本的目的。

(4) 高炉冶炼低硅生铁。随着炼钢技术的发展,生铁中的硅作为发热元素的意义已不很重要,为满足炼钢无渣或少渣操作的需要,炼钢生铁的含硅量应逐渐降低。冶炼低硅生铁可降低焦比,提高产量。一般生铁含硅量每降低 1%,焦比降低 4~7 kg/t。

(5) 计算机系统的应用。采用电子计算机专家系统进行高炉冶炼的过程控制,及采用炉顶十字测温装置等一系列测试新技术,为强化高炉冶炼,为改善高炉冶炼技术经济指标提供了强有力的手段。

(6) 高风温的应用。随着原燃料条件的改善和喷煤技术的发展,高炉具备了接受高风温的可能性。目前大型高炉设计风温多在 1200~1350℃,国外最高达到 1400℃。高风温的获得是通过改进热风炉的结构和操作实现的,主要措施有:

1) 在新建和改建的高炉上采用外燃式或顶燃式热风炉,燃烧器使用陶瓷燃烧器,增加蓄热面积和使用高效率格子砖和优质耐火材料等办法,提高热风炉的供热能力,获得高风温。

2) 提高煤气发热值。高炉煤气除尘系统采用干法除尘,提高除尘效率,降低煤气的含尘量,提高煤气发热值;还可通过在高炉煤气中混入一定比例焦炉煤气或天然气的办法,提高煤气发热值。

3) 预热助燃空气和煤气。利用热风炉烟道废气预热助燃空气和煤气,获得较高的拱顶温度,提高热风炉的供热能力。

4) 利用电子计算机控制技术实现热风炉操作自动控制。通过对燃烧、换炉和风温的自动控制,充分发挥热风炉的设备能力,提高热效率。

5) 采用交叉并联送风技术。大型高风温热风炉几乎都采用两座热风炉同时送风,即一座热风炉送风温度高于指定风温,另一座热风炉送风温度低于指定风温,进入两座热风炉的风量由设在冷风阀前的冷风调节阀控制,混风调节阀只是调节换炉时的风温波动。交叉并联送风时,由于先送风的炉可在低于指定风温条件下送风,故蓄热室格子砖的周期温差大,故而蓄热室的有效蓄热能力增加,燃烧期热交换效率亦提高,废气温度也有所降低。

(7)高炉余压发电。钢铁工业是高能耗工业,炼铁系统(焦化、烧结、球团和高炉炼铁等工序的总称)直接消耗的能源占钢铁生产总能耗的一半以上,而高炉能耗占炼铁系统总能耗的 70% 左右,故高炉节能对整个钢铁企业至关重要。

对于高压操作的高炉,在煤气清洗系统安装煤气透平装置来回收煤气的机械能进行发电,其发电量相当于鼓风机耗电的 30%。该装置全称"炉顶余压回收透平",简称"TRT"。目前,TRT装置在新建和改建的高压高炉上已广泛采用,且形成了包括炉顶压力控制的整套自动控制系统,不但能可靠地回收电能,且能有效地控制顶压,使高炉生产不受任何影响。

TRT 装置由透平机、发电机、控制油和润滑油系统、透平排水系统、轴封及置换用 N_2 系统、各种大型煤气阀门等设备组成。TRT 装置按透平的结构形式可分为轴流冲击式、辐流反动式和轴流反动式三种。

(8)探索 21 世纪非高炉炼铁工艺,以适应各地区不同资源的需要。由于高炉炼铁法存在着基建投资大、原燃料要求高、环境污染严重,特别是焦煤资源不足等问题,已成为限制高炉炼铁持续长远发展的关键环节,为此,研究开发非高炉炼铁技术是历史发展的必然。非高炉炼铁法目前有两类:一类是矿石在低于熔化温度下还原成海绵铁的直接还原法;另一类是用铁矿直接冶炼铁水的熔融还原法。

直接还原法是一种不用焦炭的非高炉炼铁方法,它的产品为海绵铁,主要做电炉炼钢的原料。直接还原法根据所用还原剂的种类不同分为两种:一种是以天然气为还原剂和能源的气基直接还原,另一种是以煤为还原剂和能源的煤基直接还原。直接还原法由于设备不同又可分为流态化床法、固定床法、竖炉法和回转炉法。

熔融还原法根据冶炼工艺不同分为两种:一步法熔融还原和二步法熔融还原。

一步法熔融还原:用一个反应器完成铁矿石的高温还原及渣铁熔化,生成的 CO 在排出反应器后再加以回收利用。

二步法熔融还原:先利用 CO 能量在第一个反应器内将矿石预还原,在第二个反应器内补充还原和熔化。熔融还原法的优点是解决了气体直接还原法中的制气问题,它用第二个反应器内产生的 CO 能量作为矿石的预还原剂,可生产与高炉法一样的铁水,避免了高炉软熔带对冶炼的不利影响,与喷射冶金、等离子体冶金、复合吹炼、铁水预处理和炉外精炼等现代冶金技术的综合运用,具有广阔的发展前景。

1.6　热风炉操作的基础知识

1.6.1　物理化学知识

1.6.1.1　物理知识

A　质量、面积和体积

(1)质量:表示物体中所含物质的量,某一物质的质量是常数,不因形状、高度或纬度的变化而改变。质量的国际单位制的单位是吨(t)、千克(kg)、克(g)或毫克(mg)。

相互的换算关系为:1 t = 1 000 kg;1 kg = 1 000 g;1 g = 1 000 mg。

(2) 面积:表示物体所占平面或物体表面的大小。单位是平方米(m^2)、平方厘米(cm^2)或平方毫米(mm^2)。

相互之间的换算关系为:$1\ m^2 = 10\ 000\ cm^2 = 1\ 000\ 000\ mm^2$。

(3) 体积:表示物体所占空间的大小。单位是立方米(m^3)、升(L)或毫升(mL)。

相互之间的换算关系为:$1\ m^3 = 1\ 000\ L$;$1\ L = 1\ 000\ mL$。

B　重度、密度和比重

(1) 重度:单位体积的气体所具有的重量称为重度。符号为 γ,单位通常用 N/m^3。

(2) 密度:单位体积物质的质量称为密度。符号为 ρ,单位为 kg/m^3。

密度与重度的关系为 $\rho = \gamma/g$,g 为重力加速度。

(3) 比重:在气体力学中,在标准状态下(1 个大气压,0℃)某气体的重度与空气重度之比,叫作该气体的比重,常用 δ 来表示。

C　质量分数

混合物中某一物质的质量与混合物的质量之比,就称为该物质的质量分数。

例如:设混合物中含有 B 物质,则 B 物质的质量分数就是:B 的质量与混合物的质量之比。B 物质的质量分数表示符号为 w_B 或 $w(B)$。

D　压强、大气压、绝对压力、表压力和正、负压

(1) 压强:垂直作用于物体表面的力称为压力,单位为牛(N)或千牛(kN)。物体单位面积上承受的压力称为压强,现场中习惯说的压力就是指压强,如风机压力、油压、煤气压力等都是指压强。

在国际单位制中压强的单位是"帕[斯卡]"(Pa),还可用千帕(kPa)、兆帕(MPa)等。其定义是 $1\ m^2$ 面积上,受 1 N 的压力,压强为 1 Pa(帕斯卡),即

$1\ Pa = 1\ N/m^2$;$1\ kPa = 1000\ Pa$;$1\ MPa = 10^6\ Pa$。

工程中常用的单位换算关系如下:

$$1\ 毫米水柱(mmH_2O) \approx 9.81\ Pa$$

$$1\ kgf/cm^2 = 98\ 100\ Pa = 98.1\ kPa$$

$$1\ mmHg = 133.32\ Pa \approx 0.13332\ kPa$$

(2) 大气压:是指大气的压强,其大小随海拔高度、地点、温度等条件的不同而变化。规定 760 mm 水银柱产生的压强为 1 个标准大气压。标准大气压可以作为大气压的单位。标准大气压与国际单位制的换算是:

$$1\ 标准大气压 = 101\ 325\ Pa = 101.325\ kPa$$

(3) 绝对压力:绝对压力是以真空为起点计算的压强。设备内部或某处的真实压强是指流体本身的压强 + 大气压强,即

$$p_绝 = p_表 + p_{大气} \tag{1-16}$$

(4) 表压力:表压力是流体本身的压力,即设备内部或某处的真实压力与大气压力之间的差值。通常生产中用 U 型液压计或压力表所测的压力均为表压,即

$$p_表 = p_绝 - p_{大气} \tag{1-17}$$

(5) 正压、负压:当气体的表压为正值时,称此气体的表压为正压;反之为负压。负压的数值也称为真空度。

$$p_负 = p_{大气} - p_绝 \tag{1-18}$$

E　流量和流速

流量和流速都是计量流体流动快慢的物理量。

(1)流量:单位时间内流体通过一定截面的数量是流量。流量的单位以体积表示的有 m^3/h、L/min 等;流量的单位以质量表示的有 kg/h 和 t/h。通常气体多用体积流量,液体多用质量流量。

(2)流速:流体在单位时间内流经的距离。单位通常用 m/s 来表示。

F　温度

温度是用以表征物体冷热程度的物理量。温标是物体温度的量度,有摄氏温标和热力学温标等。

(1)摄氏温标:规定水和冰两相混合物的温度为零度,将在 1 个标准大气压条件下的沸点规定为 100 度,在 0 度~100 度之间分成 100 等份,每 1 等份为摄氏温度的 1 度,摄氏温度的符号用 "t" 来表示,单位符号用 "℃" 表示。

(2)热力学温标:为国际温标,规定宇宙温度的下限为零度,也称开尔文温标(开氏温标),又称绝对温标;开氏温标用符号 "T" 表示,单位符号为 "K";水和冰两相混合物的温度为 273 K(1℃ =1 K),则

$$T = t + 273.16 \approx t + 273$$

由此可知,水的冰点和沸点分别为 273 K 和 373 K。

除此之外,还有华氏温标,单位符号为 "℉";列氏温标,单位符号为 "R"。

G　标准立方米(标态)

工业炉内的气体如煤气、空气等都是以体积来计量的,气体的体积是随温度与压强的变化而变化的,为了在计量和计算上方便,均以气体标准状态下(简称标态)1 m^3 体积为一个体积单位,称为 1 标准立方米。

H　热容、比热容和热含量

(1)热容:一定量的物质升高 1℃ 所吸收的热量称为热容,单位为 $J/℃$ 或 J/K。

(2)比热容:单位质量的物质温度升高(或降低)1℃ 所需的热量称为该物质的比热容,用符号 c 表示,单位为 $J/(kg \cdot K)$。在热风炉生产中,比热容体现了耐火材料的热容量。

(3)热含量:单位质量的物质从 0℃ 开始加热到 t℃ 所需的热量称为该物质在 t℃ 时的热含量。用符号 Q 表示。热含量 Q 与比热容 c、温度 t 之间的关系为:

$$Q = ct \tag{1-19}$$

此式可以用于计算耐火材料、各种气体携带的热量。

I　显热、潜热

(1)显热是指物质发生温度变化时所吸收或放出的热量。

(2)潜热是指物质发生相变时所吸收或放出的热量。

1.6.1.2　化学知识

(1)原子质量和分子质量:原子的质量是用原子的相对质量来量度的,国际上以一个 ^{12}C 原子质量的 1/12 作为标准,其他原子的质量跟它相比较所得的数量就是该种原子的原子量。一个分子中各原子的原子量的总和就是分子量。

(2)元素、元素符号及原子量:元素是具有相同核电荷的一类原子的总称。元素可分为金属元素、非金属元素和稀有气体元素。炼铁生产常见的元素符号和原子量见表 1-2。

表 1-2　高炉生产中常见的元素符号和原子量

元素名称	元素符号	原 子 量	元素名称	元素符号	原 子 量
铁	Fe	55.85	钾	K	39
碳	C	12.01	锌	Zn	65.3
硅	Si	28.01	钒	V	50.95
锰	Mn	54.94	钛	Ti	47.90
硫	S	32.06	铬	Cr	52.00
磷	P	30.97	钴	Co	58.04
钙	Ca	40.08	镍	Ni	58.71
镁	Mg	24.32	氢	H	1.00
铝	Al	26.98	氧	O	16.00
钠	Na	23	氮	N	14.00

（3）分子式：可以用元素来表示物质的分子组成，这种用元素符号表达出来的分子组成式叫作分子式，如一氧化碳和二氧化碳分别用 CO 和 CO_2 表示，三氧化二铁和四氧化三铁分别用 Fe_2O_3 和 Fe_3O_4 表示。

（4）反应热、生成热和燃烧热：

1）反应热：物质发生化学反应时所放出的或吸收的热量。最常遇到的反应热效应有生成热和燃烧热。

2）生成热：在 25℃ 和一个大气压下，由单质生成 1 mol（摩尔）的化合物时，所放出的或吸收的热量叫作该化合物的生成热。放热标"－"值；吸热标"＋"值。

3）燃烧热：在 25℃ 和一个大气压下，1 mol 物质完全燃烧所放出的热量叫作该物质的燃烧热。

1.6.2　热工基础知识

1.6.2.1　气体状态方程式

气体有两个特征：一是没有一定的外形，无论用什么形状的容器来装气体，气体分子都会充满整个容器；二是能压缩，容器内的气体在被压缩时，压强与温度会上升，这说明气体的压强、温度、体积之间存在着一定关系。

（1）等温变化：温度不变，一定质量的气体体积（ V ）与压强（ p ）成反比，即

$$V \propto \frac{1}{p};$$

若 K 为比例常数，上式改为：$V = \dfrac{K}{p}$，或 $pV = K$。

对于同一种气体，在其质量和温度不变的情况下，从一个状态（ $V_1 p_1$ ）转变到另一个状态（ $V_2 p_2$ ）时，其数学表达式为：

$$p_1 V_1 = p_2 V_2 \qquad (1\text{-}20)$$

式中　p——气体的绝对压力；

　　　　V——气体的体积。

气体体积随着压强的增大而缩小,随着压强的减小而增大。

(2) 等压变化:压强不变,一定质量的气体体积与温度成正比,即

$$V \propto T; \qquad V = KT; 或 K = \frac{V}{T}$$

同理,可以得出数学表达式为:

$$\frac{V_1}{T_1} = \frac{V_2}{T_2} \tag{1-21}$$

式中 T——气体的绝对温度,K。

随着气体温度的升高,气体的体积也随之增大。

(3) 理想气体状态方程式:气体分子间的作用力很小,气体分子本身占有的体积远远小于气体的体积,尤其在低压、高温条件下,气体分子间的作用力和分子本身占有的体积均可以忽略不计,称这种气体为理想气体。

若气体的温度、体积和压强同时改变,那么一定质量的气体的温度、体积和压强之间的数学表达式为:

$$\frac{p_1 V_1}{T_1} = \frac{p_2 V_2}{T_2} = R \tag{1-22}$$

式(1-22)是理想气体状态方程式。由上式可知,一定质量的气体其 PV/T 是个常数。国际标准规定温度为 0℃ ,压强为 0.1 MPa 时为标准状态。

1.6.2.2   传热学知识

(1) 传热:将两个不同温度的物体,放在绝热的密闭容器内,不久便会发现高温物体的温度降低了,而低温物体的温度升高了,这说明热量从高温物体传到了低温物体,这种现象称为传热,也叫作热传递。

(2) 传热的形式:传热的形式有对流传热、传导传热和辐射传热。

通过流体的流动来传播热量的方式为对流传热。对流传热只有在液体和气体中存在,它是借助温度不同部分的流体扰动和混合而引起的热量的转移,因此流体的流动对对流传热有重要影响。

传导传热是物体内部相邻部分之间的热量传递方式。传导传热在固体、液体和气体中都有可能发生。

辐射传热是通过电磁波实现的。物体本身不断地以光的速度沿直线向周围传播热射线来传递热量。热能转化为辐射能,被物体吸收后又转化为热能。所以,这种传热方式不仅进行能量的传递,还伴随有能量的转化。

实际上,冶金炉内传热是很复杂的,很难只存在单一的传热方式。热风炉生产中的各种传热现象就是由对流传热、传导传热和辐射传热三种基本传热方式组成的综合传热过程。其中对流传热是热风炉工作的主要传热方式。

(3) 传热系数:不同的传热现象是由不同的基本传热方式组成的,但一切传热方式都有共性,即只有存在温度差时才能发生传热过程。且热交换量都与温度差 Δt 、传递面积 F 及传热时间 τ 成正比,即 $Q_\text{总} \propto \Delta t F \tau$ 。

$$Q_\text{总} = K(t_1 - t_2) F \tau \tag{1-23}$$

式中 K——传热系数,表示温度差等于 1℃ 、面积等于 1 m² 时每 1 h 的传热量;

$Q_\text{总}$——总热量,表示某一段时间内,通过某一指定截面的热量值。

公式(1-23)是传热通式,适用于所有传热现象。

若公式(1-23)中的 τ 等于 1 h,则公式变形为:

$$Q = K(t_1 - t_2)F \tag{1-23a}$$

式中　Q——热流,表示单位时间内通过某一指定截面的热量值。

若公式(1-23)中的 τ 等于 1 h,F 等于 1 m^2 时,则公式变形为:

$$q = K(t_1 - t_2) \tag{1-23b}$$

式中　q——传热速率或热流密度,表示单位时间内通过单位截面积的热量值。

由公式(1-23)可知,影响两物体热交换强弱的因素是传热系数 K、温度差 Δt、传递面积 F 和传热时间 τ 四个方面,其中 Δt 是主要的一项。当 F、τ 和 Δt 确定不变时,传热系数 K 就成为主要的影响因素,对不同的传热方式与传热条件,传热系数 K 具有不同的形式和内容,因此,计算时首先要确定各具体条件下的传热系数 K。

1.6.3　机电知识

1.6.3.1　低压电器知识

在交流电路中,频率为 50 Hz 或 60 Hz,额定电压等于或小于 1200 V,直流电路的额定电压等于或小于 1500 V,用于通断、保护、控制或调节作用的电器称为低压电器。这也是生产中使用量最大的电器元件。

在电器线路中根据低压电器所处的位置和作用,分为低压配电电器和低压控制电器两大类。主要有开关刀、自动开关、接触器、主令电器、启动器、低压熔断器、热继电器和控制继电器。

按照其动作方式又可以分为自动切换电器和非自动切换电器两大类。自动切换电器在完成接通、分断或启动、反向以及停止等动作,依据本身参数变化或外来讯号进行工作;非自动切换电器主要依靠外力(如手控)操作来实现切换等动作。

低压电器正常工作条件为:周围空气温度 24 h 的平均值不超过 35℃;安装地点的海拔高度不超过 2000 m;大气相对湿度在周围空气温度为 40℃ 时不超过 50%,在较低的温度下,湿分最大月份的月平均最大湿度不超过 90%;安装倾斜度不大于 5%;无爆炸危险的介质以及无显著摇动和冲击振动的场合。

低压电器在工作时存在着电、磁、热、光和机械等能量转换,"开"与"关"是在瞬间完成的,在选择这些电器元件时,品质和安全尤其重要,倘若配套设备中个别元件的失灵和动作有误,会导致整个线路故障,甚至造成重大设备事故和危及人身安全。

1.6.3.2　电动机知识

电动机是根据电磁感应原理,将电能转换为机械能的一种动力设备。现代的生产机械动力多为电动机拖动。电动机的种类很多,按电流的性质分,有直流电动机和交流电动机。交流电动机可分为同步电动机和异步电动机,异步电动机又称为感应电动机,根据其结构的不同又分为笼型和绕线型。

异步电动机结构简单、运行可靠、维护方便、坚固耐用、价格便宜,并可直接接于交流电源,因此被广泛应用于冶金生产中。

(1)三相异步电动机的基本结构:三相异步电动机主要由定子和转子组成,定子和转子之间有一个很小的空隙。定子由机座、定子铁芯和定子绕组构成;转子由转子铁芯、笼条和短路环构成。此外还有端盖和风扇等部件。

常见的三相异步电动机的外形及其零部件如图 1-6 所示。

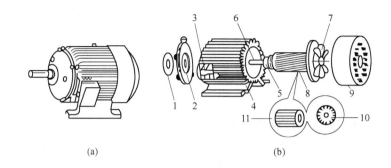

图 1-6　三相异步电动机的结构

(a) 外形图；(b) 结构部件图

1—轴承盖；2—端盖；3—接线盒；4—机座；5—轴承；6—转子轴；7—风扇；
8—转子；9—风扇罩壳；10—转子铁芯；11—笼型绕组

(2) 三相异步电动机的工作原理：三相异步电动机定子通入三相交流电，产生旋转磁场；在旋转磁场的作用下，转子切割磁力线，绕组产生感应电流，转子转动。定子产生旋转磁场的转速也称同步转速；当电动机运转时，转子转速小于定子同步转速，所以此种电动机为异步电动机。

(3) 三相异步电动机的铭牌：每台电动机都装有一块铭牌，它标明了电动机的型号和主要技术数据。表 1-3 所示是一台三相异步电动机的铭牌参数。

表 1-3　三相异步电动机的铭牌数据

型　号	Y180M-2	编　号	××
额定功率	22 kW	接　法	△
额定电压	380 V	工作方式	S1
额定转速	2940 r/min	绝缘等级	B
额定电流	42.2 A	温　升	60℃
额定频率	50 Hz	重　量	180 kg
出厂编号	×××	出厂日期	年　月　日
×××电机厂			

1) 型号：用英文字母和阿拉伯数字表示电动机的类型，如：

Y　180　M-2

小型转子
异步电动机
机座中心高　　　　　　磁极数
机座长度代号：S—短机座，M—中机座，L—长机座

2) 额定功率：电动机在额定运行条件下转轴上输出的机械功率，单位为 kW。

3) 额定电压：电动机额定运行时应加在定子绕组上额定频率下的线电压值。

4) 额定电流：电动机额定运行时定子绕组的线电流值。

5) 额定转速：电动机在额定频率、额定电压和输出额定功率时的转速。

6) 温升：指电动机在额定运行状态下运行时，电动机绕组的允许温度与周围环境温度之差。

7) 工作方式：用电动机的负载持续率来表示，它表明电动机是做连续运行还是做断续运行。

工作方式 S1,表示连续工作制。

8）绝缘等级:电动机内部所有绝缘材料具备的耐热等级。它规定了电动机绕组和其他绝缘材料可承受的允许温度。绝缘材料的耐热分级见表1-4。

表 1-4 绝缘材料的耐热分级

级 别	Y 级	A 级	E 级	B 级	F 级	H 级	C 级
允许工作温度/℃	90	105	120	130	155	180	180 以上
主要绝缘材料举例	纸板、纺织品、塑料	棉花、漆包线的绝缘	高强度漆包线的绝缘	高强度漆包线的绝缘	云母片制品、石棉	玻璃、石棉布	电磁石英

（4）功率因数:视在功率是电源供给电动机的总功率(伏安或千伏安数)。视在功率中的一部分通过电动机转换为机械功率,传给它所带的机器,这部分功率做了功,叫做有功功率;另一部分用来建立磁场,没有做功(但不等于没有用处)叫做无功功率。

有功功率与视在功率的比值就是功率因数,用 $\cos\varphi$ 表示。视在功率、有功功率和无功功率三者的关系为直角三角形,如图1-7所示。

$\cos\varphi$ = 有用功率/视在功率

（5）润滑加油知识:转动设备在润滑时加油要适当。用探油针能探到或玻璃刻度上能见到油即达到要求。加油过多,易使轴承发热而损坏。

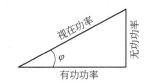

图 1-7 有功功率与无功功率的关系

1.6.4 液压传动知识

1.6.4.1 液压传动的特点

液压传动是用液压油作为传递运动和动力的工作介质,通过动力元件(油泵),将机械能转换为压力能,然后,通过管道、控制元件,借助执行元件(油缸或油马达)将油液的压力能转换为机械能,驱动负载实现直线或回转运动,完成动力的传递。

与机械传动相比液压传动具有如下优点:

（1）液压传动能在较大范围内实现无级调速,且低速性能好;

（2）运动平稳便于实现频繁换向;

（3）与机械传动、电力传动相比在传递同等功率的条件下,液压传动的体积小、重量轻、结构紧凑;

（4）操作方便,利于实现自动化,尤其是液、电联合应用,易于实现复杂的自动工作循环;

（5）液压传动很容易就能实现机械设备的直线运动;

（6）液压传动是通过管道传递动力,执行机构及控制机构在空间位置上便于安排,易于合理布局及统一操作;

（7）易于实现过载保护;

（8）液压传动的运动部件和各元件都在油液中工作,能自行润滑,工作寿命长;

（9）液压元件已实现系列化、标准化、通用化,便于设计和安装,维修也较方便。

但液压传动也存在着不足之处:

（1）液压传动中不可避免地产生油液泄漏,且油液也不是绝对不可压缩,因此,液压传动不宜用于定比传动;

（2）液压油黏度受温度影响较大，会影响到传动精度和机器性能；

（3）有空气渗入液压系统后容易引起系统工作不正常，如机器发生振动、爬行和噪声等不良现象；

（4）液压系统发生故障不易检查和排除，要求检修人员要有较高的技术水平。

随着科学技术的进步，上述问题在逐步得到解决。

1.6.4.2　对液压传动用油的要求

（1）润滑性能良好，对机件和密封装置的腐蚀要小。

（2）化学稳定性要高，在贮存和工作过程中不易被氧化变质。

（3）适当的燃点和凝固点，以满足工作环境温度的要求。

（4）油液应有适当的黏度，且黏度随温度变化要小。黏度过大，液体内摩擦也加大，会造成较大的能量损失，同时恶化了液压油泵的吸油性能；黏度过小，系统泄漏的可能性增加，影响传动的稳定性。工作环境温度对油液的黏度也有影响。

1.6.4.3　液压传动的工作原理

加在密闭液体(或气体)上的压力，能够按照原来的大小由液体(或气体)向各个方向传递，这是帕斯卡定律的内容。根据这一规律，用一个连通器说明压力的传递，如图 1-8 所示。

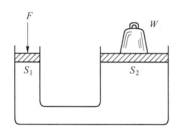

图 1-8　连通器图

在连通器液面上加有两个大小不同的活塞，将液体封闭起来，且活塞无摩擦；小活塞面积为 S_1，在其面上加一个力 F，其压力为 $\frac{F}{S_1}$；根据帕斯卡定律的原理，压力大小不变地传递给大活塞，大活塞将上升，若大活塞面积 S_2，在面上加一个砝码 W，保持活塞不动，液面在同一高度，两边处于平衡状态。那么：

$$\frac{F}{S_1} = \frac{W}{S_2} \quad 所以 \quad \frac{S_2}{S_1} = \frac{W}{F}$$

由此说明，压力可以大小不变地传递，但是受力的大小是能够改变的。液压传动就是根据这一原理实现的。只要控制油液的压力、流量和流动方向，便可控制液压设备动作要求的推力(转矩)、速度(转速)和方向。液压举升机构工作原理见图 1-9。

在图 1-9(a)中换向阀 5 处于中间位置，此时，换向阀的进油口、回油口以及通往液压缸的两油口，均被阀心堵死，液压泵输出的全部油液通过溢流阀 3 流回油箱，工作机构不动。

若操纵手柄将换向阀阀心推向右端，则油路连通情况如图 1-9(b)所示，此时液压缸 7 下腔进压力油，上腔回油，液压缸活塞带动工作机构向上举升。

若将换向阀阀心推向左端，油路就如图 1-9(c)所示，液压缸 7 上腔进压力油，下腔回油，工作机构向下降落。

溢流阀 3 上的虚线表示控制油源来自液压泵的输出油路，当液压泵的输出油压力大于弹簧力时，即压下溢流阀心，使液压泵出口与回油管构成通路实现溢流。

从图 1-9 可以看出，液压系统由以下五部分组成：

（1）动力元件：油泵，是将机械能转换为油液压力能的能量转换元件。

（2）执行元件：油缸或油马达，是将压力能转换为驱动工作部件运动的机械能的能量转换元件。

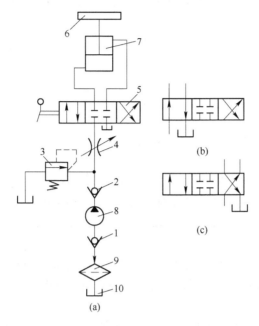

图 1-9　液压举升机构工作原理图

（a）系统原理图；（b）、（c）换向阀

1,2—单向阀；3—溢流阀；4—节流阀；5—换向阀；6—工作机构；

7—液压缸；8—液压泵；9—滤油器；10—油箱

（3）控制元件：各种阀，如压力阀、流量阀、溢流阀、换向阀等，用以满足液压传动系统所需要的力、速度、方向和工作性能等要求。

（4）辅助元件：各种管道连接件，如油管、油箱、滤油器、蓄热器、压力表等，起连接、输油、储油、滤油、储存压力能、测量等作用。

（5）工作介质：液压油。

1.6.4.4　液压基本回路和控制阀

A　液压基本回路

机械运动都是由若干个基本运动组合而成，每种基本运动可以选择适当的液压元件及其配套的附件组成具有特定功能的油路来实现。这种具有特定功能的油路称为基本回路。

液压系统就是由若干个基本回路组成的，主要有：

（1）方向控制回路：主要是利用控制进入执行元件的液压油的通、断及变向来实现工作机构的启动、停止及改变运动方向。其中包括换向阀及换向回路和单向阀及锁紧回路。

（2）调压回路：一台液压设备，由于工作负荷不同，系统所需油压大小也不同。因此就需要根据负载的大小来调节系统的工作压力，这种调节液压系统工作压力的回路，称为调压回路。其中包括溢流阀及调压回路和减压阀及减压回路。

（3）卸荷回路：当执行机构处于工作行程间隔中停止运行时，油泵需要卸荷（使油处于很低的压力状态下空运转），因此设置了卸荷回路。卸荷回路包括系统不需要保压的卸荷回路和系统需要保压的卸荷回路。

（4）调速回路：改变油缸的速度或油马达转速的方法有以下三种：

节流调速:采用定量泵,利用节流阀来改变进入油缸或马达的液压油流量,实现速度调节。此回路称为节流调速回路。

容积调速:采用变量泵或变量油马达,利用改变油泵或变量油马达的有效工作容积来实现速度调节。此回路称为容积调速回路。

联合调速:采用变量泵和节流阀联合调节,使油泵的供油量和供油压力与运动部件所需的压力与流量相适应,这样的回路称为联合调速回路。

(5) 多油缸顺序动作回路:在一些液压设备上,往往要求几个液压油缸按一定次序依次动作,顺序动作回路就是为了满足这个要求。按照控制方式不同,分为压力控制、行程控制和时间控制。

(6) 平衡回路和背压回路:为防止立式油缸与垂直运动的工作部件在自重作用下下滑,采用平衡回路以平衡自重。背压回路是系统卸荷时保持一定的回油压力,使控制油路能正常工作。

(7) 同步回路:使两个或两个以上的油缸实现同步动作的回路。

B　控制阀

(1) 方向控制阀:控制油流的定向、换向、闭锁等。包括单向阀、换向阀和液控单向阀等。

(2) 压力控制阀:用来解决系统的恒压、限压和减压后的稳压问题。包括溢流阀、减压阀,顺序阀及压力继电器等。

(3) 流量控制阀:用来解决系统的变流量和恒流量,进而使工作油缸(或马达)变速或恒速运动。包括普通节流阀、调速阀、溢流节流阀、温度补偿调节阀等。

(4) 组合阀与集成块:为简化系统,实现阀门的无管化连接,常把两个或更多的阀类元件安装在一个阀体内,这就是组合阀。如单向节流阀、单向顺序阀、单向减压阀、电磁溢流阀和换向调速阀等;亦可采用集成块,块内钻有油路通道,互相连通,块面可以装阀。

1.6.4.5　油缸

油缸是将油液的压力能转换成机械能,用来驱动工作机构做直线运动或摆动运动的一种能量转换装置。按运动方式不同,油缸可分为以下两大类:

推力油缸:用以实现直线运动。

摆动油缸:用以实现摆动运动。摆动油缸也叫摆动马达。

1.6.4.6　油泵和油马达

油泵是液压系统中将电动机所输出的机械能转换为压力能的能量转换装置。在液压系统中油泵是动力源,向系统提供压力油。按结构分有齿轮泵和柱塞泵。

油马达是将压力能转换为机械能的能量转换装置。油马达以回转运动形式输出机械能。按结构分有齿轮油马达和柱塞油马达。

1.7　热风炉的发展

自1828年第一座热风炉在美国使用至今,高炉采用热风炉操作已经历100多年的历史。最早采用的是管式热交换器,空气从铁管中通过,用煤作为燃料,热风温度只有315℃,但在当时对高炉炉况有显著改善,产量提高,焦比降低35%,十几年后才开始使用高炉煤气作为热风炉的燃料。1857年,考贝提出用蓄热式热风炉来代替换热式热风炉。自蓄热式热风炉问世以来,其工作原理至今没有改变,但热风炉的结构、设备及操作方法都有了重大改进。1972年,荷兰艾莫依登厂在新建的3667 m³高炉上对内燃式热风炉做了较大改进,较好地克服了传统考贝式热风炉的缺点,这种热风炉被称为霍戈文内燃式热风炉。

由于内燃式热风炉存在着拱顶容易损坏,寿命短、挡火隔墙"短路"窜风和风温水平低等问题,因此,出现了燃烧室独立地砌筑于蓄热室之外的外燃式热风炉。外燃式热风炉的构思是1910年由弗朗兹·达尔提出并申请了专利。1928年美国在卡尔尼基钢铁公司首先建造了外燃式热风炉,但由于其表面积大、热损失大而没有发展起来。其后,1938年科珀公司又提出专利,但直到1950年,科珀外燃式热风炉才应用在高炉上。随后,1959年出现了地得外燃式热风炉,1965年德国奥古斯特－蒂森公司使用了马琴外燃式热风炉,20世纪60年代末,日本新日铁公司在新日铁八幡制铁所洞冈高炉使用了新日铁外燃式热风炉,它综合了科珀式和马琴外燃式热风炉的特点。50年代中国第一座外燃式热风炉建在本钢第二炼铁厂。

外燃式热风炉的拱顶结构虽经过多次改进,但还存在拱顶不稳定的问题,因此又出现了顶燃式热风炉。1979年首钢在1327 m³高炉上采用了四座大型顶燃式热风炉,最高风温曾达到1200～1250℃,这是世界上第一个把顶燃式热风炉应用于1000 m³以上高炉的实例。顶燃式热风炉不设专门的燃烧室,而是将拱顶空间作为燃烧室,由于这种结构形式的热风炉具有许多优点,它是高风温热风炉的发展方向之一。近年来,俄罗斯卡鲁金顶燃式热风炉在我国得到应用。如莱钢750 m³、济钢1750 m³、淮钢两座450 m³、青钢两座500 m³和重钢高炉热风炉都采用此结构形式的热风炉。

顶燃式热风炉存在着结构大、燃烧器不好解决等问题,为克服这些缺陷,出现了球式热风炉。球式热风炉也是顶燃式热风炉的一种,具有加热面积大、风温高的优点,在中小高炉上得到很好的应用。

复习思考题

1. 简述高炉生产的工艺流程。
2. 什么是高炉的有效容积?
3. 高炉的冷却方式有哪些,高炉常用的冷却设备有哪些?
4. 高炉内型由哪几部分组成,高炉附属设备有哪些?
5. 高炉除本体外,还有哪几大系统,各系统的任务是什么?
6. 从高炉解剖看,高炉冶炼过程分为哪五个区域,各有哪些反应?
7. 什么叫结晶水,什么叫吸附水?
8. 碳酸钙的分解条件是什么?
9. 高炉冶炼中还原铁矿石的还原剂是哪些,铁氧化物的还原顺序如何?
10. 高炉冶炼的产品生铁有哪几类,炼钢生铁和铸造生铁是如何划分的?
11. 高炉冶炼的副产品有哪些,各有什么用途?
12. 高炉冶炼的经济技术指标有哪些? 写出其表达式。根据生产实际情况,进行高炉主要的经济技术指标计算。
13. 非高炉炼铁的方法有哪些?
14. 什么是密度和质量,单位是什么?
15. 什么是压强和表压力?
16. 什么是流量和流速,单位是什么?
17. 什么是比热容和热含量?
18. 传热的方式有哪些?

19. 什么是反应热、生成热和燃烧热？

20. 异步电动机的优点有哪些？

21. 三相异步电动机的铭牌内容有哪些？

22. 液压传动的工作原理是什么？

23. 液压传动系统由哪几部分组成？

24. 液压基本回路有哪些？

25. 液压传动系统的控制阀有哪些？

2 热风炉用耐火材料

耐火材料是指能够承受1580℃以上高温,并能抵抗高温下物理化学作用的无机非金属材料,包括天然矿石及按照一定目的要求经过一定工艺制成的各种产品。

20世纪80年代以来,随着高炉的大型化、高压操作和高风温技术的应用,对热风炉提供给高炉的热风风温要求越来越高,因此,对用于砌筑热风炉的耐火材料材质及性能也提出了新的要求,尤其是高温区耐火材料的性能、结构,对热风炉是否能适应高风温的要求,以及热风炉的寿命和安全性都有重大影响。

2.1 耐火材料的性能及分类

2.1.1 耐火材料的性能

2.1.1.1 耐火度

耐火度是耐火材料抵抗高温作用而不软化的能力,也是材料在高温下抵抗熔化的性能指标。

耐火材料的耐火度随其化学组成的不同而不同,如:

普通黏土砖 Al_2O_3 含量为30%时,耐火度为1610℃;Al_2O_3 含量大于40%时,耐火度为1730℃;高铝砖 Al_2O_3 含量大于48%时,耐火度为1750~1790℃。

耐火度仅代表耐火材料开始软化时的温度,不代表耐火材料的实际使用温度。在实际生产中,耐火材料都承受一定的荷载,所以耐火材料实际能够承受的温度低于所测耐火度。

2.1.1.2 高温结构强度

耐火材料的高温结构强度是通过荷重软化温度(也称荷重软化点)来评价的。

荷重软化温度是指耐火材料在高温、承受恒定压强(0.2 MPa)的条件下,产生一定程度变形时的温度,它表示耐火材料在高温下承受荷重抵抗变形的能力,也是耐火材料的一个重要指标。

在实际生产上,是将荷重开始软化温度作为应用的极限温度,即实际应用允许温度应低于荷重软化温度。

2.1.1.3 抗渣性

抗渣性是指耐火材料在高温下抵抗炉渣侵蚀作用而不被损坏的能力,也称为耐火材料的化学稳定性。

由于炉渣、炉料、灰尘和炉气等的作用会损坏炉衬的耐火材料,因此在实际生产中耐火材料的抗渣性能指标越高越好。

我国国家标准 GB 8931—88 规定用回转渣蚀法测定抗渣性,可用熔渣侵蚀量(mm或%)表示。

2.1.1.4 抗热震性

抗热震性是耐火材料能够承受温度急剧变化而不破裂和剥落的能力,又称耐急冷急热性或温度急变抵抗性。

　　耐火材料随着温度的升降,会产生膨胀或收缩,如果膨胀或收缩受到制约不能自由发展时,材料内部就会产生应力,这种应力称为热应力;耐火材料在温度分布不均匀而存在着温度梯度时,也会产生热应力,如高炉炉体内衬、热风炉内衬都存在温度急变和分布不均的现象,因此其内衬都存在热应力。

　　抗热震性是以能经受加热—急剧冷却耐火材料试样剥落到一定程度时的次数作为量度。次数越多,说明耐火材料的抗热震性越好。普通耐火黏土砖的抗热震性较好,为 5~25 次;硅砖则较差,仅为 1~4 次。

2.1.1.5　重烧线变化

　　耐火材料或制品加热到一定高温后再冷却,长度产生不可逆的增加或减少即为重烧线变化,也称残余膨胀或残余收缩,或称重烧膨胀或重烧收缩。用膨胀或收缩的数值占原尺寸的百分比 "%" 来表示重烧线变化,它是用来评价耐火材料的高温体积稳定性的指标。发生残余膨胀或残余收缩,是由于耐火材料或制品在继续完成焙烧过程中未完成的物理化学变化。一般情况下,希望使用中的耐火材料和制品的重烧线变化越小越好,也表明体积稳定性好。

　　黏土砖常发生残余收缩,而硅砖常发生残余膨胀现象,炭质耐火材料的高温体积稳定性良好。

2.1.1.6　气孔率和体积密度

　　气孔率是指耐火制品中气孔的体积与制品体积的百分比。气孔率的高低表示耐火制品的致密程度,计算公式为:

$$气孔率 = \frac{气孔的体积}{耐火制品的总体积} \times 100\% \tag{2-1}$$

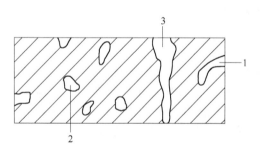

　　耐火制品中气孔与大气相通的,称为开口气孔,其中贯穿的气孔称为连通气孔;不与大气相通的气孔称为闭口气孔,如图 2-1 所示。根据气孔类型,气孔率分显气孔率即开口气孔率、闭口气孔率和真气孔率。耐火制品的气孔率通常指显气孔率,即开口气孔的体积占耐火制品总体积的百分比,单位用 "%" 表示,计算公式为:

图 2-1　耐火材料中气孔的类型
1—开口气孔;2—闭口气孔;3—连通气孔

$$显气孔率 = \frac{开口气孔的体积}{耐火制品的总体积} \times 100\% \tag{2-2}$$

　　体积密度是指单位体积(包括气孔)材料的质量,单位用 "g/cm³" 或 "t/m³" 表示。

　　对于同一种耐火制品,其体积密度高,则气孔就少,气孔率低,制品致密,耐侵蚀和水化作用的性能好。

2.1.1.7　耐压强度

　　耐压强度是单位面积耐材试样所能承受的极限荷载,单位用 "MPa" 表示。

　　在室温下测定的耐压强度称为常温耐压强度;高温下测定的耐压强度称为高温耐压强度。

耐压强度按下式计算：

$$S = \frac{F}{ab} \tag{2-3}$$

式中　S——耐压强度,MPa;

　　　F——试验时指示的最大荷载,N;

　　　a——试样长度,mm;

　　　b——试样宽度,mm。

2.1.1.8　高温蠕变

在高温下,耐火材料承受低于其临界强度的恒定力长期作用下,将产生变形,且变形量随时间的延续而不断增大,这种现象称为蠕变。蠕变是选用热风炉高温区域耐火材料的重要指标之一。

2.1.1.9　导热系数

导热系数反映耐火材料的传热能力,其物理意义是:当某种耐火材料厚度为1 m时,材料两面温差为1℃,在与热流方向相垂直的1 m² 面积上,每秒内通过的热量。即:

$$\lambda = (Q\delta)/(\Delta TAt) \tag{2-4}$$

式中　λ——导热系数,W/(m·K);

　　　Q——热量,J;

　　　δ——耐火材料厚度,m;

　　　ΔT——材料温差,K;

　　　A——与热流方向垂直的面积,m²;

　　　t——时间,s。

影响材料导热性能的主要因素有:

(1) 气孔率:随气孔率的增加导热系数降低;气孔的形状、大小和分布对材料的导热性均有影响。

(2) 温度:耐火材料的导热性随温度的变化而变化。硅砖、黏土砖、高铝砖、黏土隔热砖和硅藻土砖等导热系数随温度升高而增加。

对于热风炉的格子砖,应选择导热性好,热容大的耐火砖;而绝热砖应选择导热性差的耐火砖。

2.1.2　耐火材料的分类

2.1.2.1　耐火材料的分类

耐火材料的分类方法很多,主要有以下几种:

(1) 按化学成分,可分为酸性、碱性和中性耐火材料。

(2) 按耐火度,可分为普通级耐火材料(1580～1770℃)、高级耐火材料(1770～2000℃)、特级耐火材料(2000℃以上)和超级耐火材料(大于3000℃)四类。

(3) 按外观分,有耐火制品、耐火泥料和不定形耐火材料。

(4) 按形状和尺寸,分为标型、普型、异型、特型和超特型制品。

(5) 按成型工艺,可分为天然岩石切锯、泥浆浇注、可塑成型、半干成型和振动、捣打、熔铸成型等。

(6) 按化学—矿物组成,可分为硅酸铝质材料如黏土砖、高铝砖、半硅砖;硅质材料如硅砖和熔融石英制品;镁质材料如镁砖、镁铝砖、镁铬砖;碳质材料如炭砖、石墨砖;白云石质;锆英石质;特殊耐火材料制品如高纯氧化物制品、难熔化合物制品和高温复合材料等。

2.1.2.2　高炉常用的耐火材料

常用的普通耐火材料有黏土砖、高铝砖等。

常用的特殊耐火材料有刚玉砖、碳化硅砖、氮化硅结合碳化硅砖、炭砖、石墨砖等。

常用的隔热材料有硅藻土制品、石棉制品、绝热板等。

常用的不定形耐火材料有耐火捣打料、耐火浇注料、耐火可塑料、耐火泥、耐火喷补料、轻质耐火浇注料、炮泥等。

2.2　热风炉用耐火材料

2.2.1　热风炉用耐火材料的要求及种类

2.2.1.1　对热风炉用耐火材料的要求

对热风炉用耐火材料的要求主要是:耐火度、荷重软化点高,耐热冲击性好,气孔率低,体积密度大,具有大的热容量,良好的抗渣性和抗蠕变性能。

2.2.1.2　热风炉用耐火材料的种类

热风炉常用的耐火材料主要有黏土砖、高铝砖、硅砖,另外还有矾土耐热混凝土、磷酸盐耐火混凝土和陶瓷纤维等。

(1) 黏土砖:黏土砖是 Al_2O_3 含量在 30% ~ 48% 范围内的耐火制品。黏土砖是由耐火黏土及其熟料经粉碎、混合、成型、干燥和烧结等工序而制成的耐火制品。热风炉用黏土砖一般分为三级:一级, Al_2O_3 含量不小于 40%;二级, Al_2O_3 含量不小于 35%;三级, Al_2O_3 含量不小于 30%。其理化指标见表 2-1。

表 2-1　热风炉用黏土质耐火制品理化指标

项　　目		牌号及数值		
		RN—42	RN—40	RN—36
Al_2O_3 含量/%	≥	42	35	30
耐火度/℃	≥	1750	1670	1610
0.2 MPa 荷重软化温度/℃	≥	1400	1250	1250
重烧线收缩率/%	1450℃,2 h	0~0.4		
	1350℃,2 h		0~0.3	0~0.5
显气孔率/%	≤	24	24	26
常温耐压强度/MPa	≥	29.4	24.5	19.6
抗热震性/次数			10	10

黏土砖常用于热风炉下部的低温区和中温区,用于砌筑大墙、各旋口砖和格子砖。

(2) 高铝砖:高铝砖是 Al_2O_3 含量大于 48%(国外规定 46%)的硅酸铝质耐火制品。高铝砖以高铝矾土为主要原料,配入软质黏土作结合剂,成型后并经 1500℃ 左右高温烧成。高铝砖按

其 Al_2O_3 的含量不同分为三级: Al_2O_3 的含量 75% 的为一级, Al_2O_3 的含量在 60%~75% 的为二级, Al_2O_3 的含量在 48%~60% 的为三级,其理化指标见表 2-2。

表 2-2 热风炉用高铝质耐火制品理化指标

项 目		牌号及数值		
		RL—65	RL—55	RL—48
Al_2O_3 含量/%	≥	65	55	48
耐火度/℃	≥	1790	1770	1750
0.2 MPa 荷重软化温度/℃	≥	1500	1470	1420
重烧线收缩率/%	1500℃,3 h	+0.1~-0.4	+0.1~-0.4	
	1450℃,3 h			+0.1~-0.4
显气孔率/%	≤	24	24	24
常温耐压强度/MPa	≥	49.0	44.1	39.2
抗热震性/次数			8	8

注:平均线膨胀系数为 $(5.5~5.8)\times10^{-6}℃^{-1}$;蠕变率 ≤0.8~1.0(1350℃)。

高铝砖用于热风炉的高温部位,如热风炉上部格子砖、拱顶旋砖及大墙砌砖。

(3)硅砖:硅砖是 SiO_2 含量在 93% 以上的耐火制品。硅砖是以石英为主要原料,用结合剂在 1350~1430℃ 高温下烧制而成的。我国生产的硅砖有三个牌号,即 GZ—95、GZ—94 和 GZ—93,理化指标见表 2-3。

表 2-3 热风炉用硅砖的理化指标

项 目		牌号及数值		
		GZ—95	GZ—94	GZ—93
SiO_2 含量/%	≥	95	94	93
耐火度/℃	≥	1710	1710	1690
0.2 MPa 荷重软化温度/℃	≥	1650	1640~1620	1620
显气孔率/%	≤	22	22	25
常温耐压强度/MPa	≥	29.4	24.5	19.6
真密度/g·cm⁻³		2.37	2.38	2.39

硅砖用于高温热风炉的拱顶和上部格子砖。硅砖在 600℃ 以上没有同素异晶转变,线膨胀系数小,体积变化小,所以用硅砖砌筑的炉体在烘炉初期必须注意升温速度。

硅砖在 600℃ 以下体积稳定性不好,硅砖热风炉要做好维护工作,要求硅砖砌体温度不低于600℃。日常维护中要注意以下问题:

1)在更换阀门时,应尽量缩短各口的敞开时间,防止硅砖砌体温度的大幅度降低;

2)要经常检查热风炉的燃烧情况,严禁出现助燃风机空转现象;

3)换炉操作过程中,要严防大量的冷空气抽入炉顶;

4)使用硅砖热风炉的高炉,应设倒流休风装置;高炉休风时,禁止热风炉倒流;

5)高炉长时间的封炉检修,应视情节采取必要的保温措施。

（4）矾土耐热混凝土：矾土耐热混凝土是以矾土水泥和低钙铝酸盐水泥等为胶接材料,耐火熟料为骨料及掺和料制成的水硬性耐火混凝土。其理化性能指标及化学成分见表2-4和表2-5。

表 2-4　矾土耐热混凝土理化指标

强度/MPa			气孔率 /%	容积密度 /t·m^{-3}	高温强度 (700℃) /MPa	重烧线收缩率 (1400℃, 2 h)/%	抗热震性 (850℃) /次数	荷重软化温度/℃		耐火度 /℃
3昼夜	7昼夜	28昼夜						KD	4%	
22.0	31.0	36.5	17.82	2.20	322	0.30	>20	1330	1420	>1730

表 2-5　矾土耐热混凝土化学成分

名　称	化学成分/%					
	SiO_2	Al_2O_3	CaO	Fe_2O_3	MgO	烧　损
矾土耐热混凝土	43.24	48.68	2.38	1.35	微	0.97

用矾土耐热混凝土预制块砌筑热风炉的燃烧室及陶瓷燃烧器,具有砖型简单、砌筑容易、施工进度快等特点,并且使用寿命长。但在砌筑时要注意成型、养护和烘烤等问题。

（5）磷酸盐耐火混凝土：磷酸盐耐火混凝土是以磷酸盐为胶结材料,耐火熟料为骨料和掺和料制成的热硬性耐火混凝土。主要是加热后具有强度高,耐火度高,韧性、耐磨性好和良好热稳定性等特点,但价格较高。

磷酸盐耐火混凝土常用来制作热风炉的陶瓷燃烧器(上部)的预制块。

（6）陶瓷纤维：陶瓷纤维是一种新型轻质耐火材料。将耐火配料在2000～2200℃的电炉内熔化,当熔融的配料液体流出小孔时,经高速、高压的空气或蒸汽喷吹,使液滴瞬间被迅速吹散、拉长而获得的松散絮状物。

陶瓷纤维常用来填充热风炉砌体的空隙,可作为绝热层,也可用于炉壳的喷涂材料;它具有良好的隔热保温作用,兼有吸收砌体热膨胀的功能。

陶瓷纤维的优点是:质量轻、绝热性能好、热稳定性好、化学稳定性好、加工容易、施工方便。

陶瓷纤维的缺点是:既不耐磨也不耐碰撞,不能抵抗高速气流的冲刷和熔渣的侵蚀。

2.2.2　热风炉耐火材料的选择

选择热风炉用耐火材料时,就其耐火度、荷重软化温度、蠕变性、耐压强度、热容量和气孔率等技术指标综合考虑后确定;根据气体的工作温度、操作条件、热风炉的结构形式及部位选择不同的耐火材料。

2.2.2.1　热风炉耐火砖的损毁

由于热风炉各部位的工作条件不同,其损毁的原因也不一样。

（1）热风炉拱顶外侧砌缝因膨胀而开裂,内侧砖产生应力集中,使得高温下易收缩和蠕变的耐火砖变形,拱顶下陷,砌砖脱落;当拱顶砌砖的耐火度较低炉温又很高时,还可能造成拱顶砌砖熔融。

（2）炉墙和内燃式热风炉的隔墙,随热风炉的大型化承重负荷增加,随热风温度的提高热负荷加大,因此耐火材料也容易发生收缩和蠕变导致的变形、倾斜或倒塌;隔墙还可能由于燃烧和送风周期性的温度波动,使得燃烧室和蓄热室的两侧表面,产生较大的温度差,造成砖变形,砖缝开裂,引发送风短路。

(3)蓄热室上部与中部的格子砖,由于热负荷较大,同时又承受重负荷,极易产生收缩和蠕变,从而出现沉陷、倒塌。尤其是长期在含有 Fe_2O_3、CaO、MnO、ZnO、Na_2O、K_2O 等成分炽热气体的侵蚀下,砖体更容易软化熔结,由此导致格子砖通气孔的堵塞;下部格子砖也有可能发生压裂损坏。

所以,根据热风炉不同部位工作条件,应选择不同品质的耐火材料。

2.2.2.2 热风炉耐火材料的选择

热风炉上部长期处于 1300～1500℃的高温下,因此要选用荷重软化温度高,抗蠕变性能和高温体积稳定性能好,含碱金属 K、Na 及 Fe_2O_3 低的耐火材料。拱顶、蓄热室上部格子砖及大墙、燃烧室上部工作层一般多选用硅砖、低蠕变高铝砖、红柱石砖、硅线石砖;蓄热室中下部多选用高铝砖、黏土砖。

当前我国热风炉的耐火砌体根据其温度条件,从高温区至低温区,基本有两种结构:

第一种结构:硅砖—低蠕变高铝砖(中档)—高铝砖—黏土砖。

第二种结构:低蠕变高铝砖(高档)—低蠕变高铝砖(中档)—高铝砖—黏土砖。

以上两种结构中以第一种结构为好,因为硅砖具有很好的抗高温蠕变性能和高温热稳定性,而且价格便宜。热风炉采用的耐火材料品质的参考数据见表 2-6。

表 2-6 热风炉采用的耐火材料品质的参考数据

材 料	使 用 部 位	耐火度 /℃	抗蠕变温度 $(1.96 \times 10^6$ Pa, 50 h)/℃	显气孔率 /%	体积密度 /g·cm^{-3}	重烧线变化率/%	耐压强度 /MPa
高铝砖	拱顶、燃烧室 蓄热室中下部	1780～1810	1550 1350～1450 1270～1320	16～21	2.4～2.7	1500℃ 0～0.5	50～80
黏土砖	燃烧室 蓄热室上部	1750～1800 1700～1750	1250 1150	18～20 18～24	2.1～2.2 2.0～2.1	1400℃ 0～0.5 1350℃ 0～0.5	29.4～45
半硅砖	燃烧室 蓄热室	1650～1700		25～27	1.9～2.0	1450℃ 0～1.0	19.6～39.2
硅线石砖	拱顶、燃烧室 蓄热室上部	1790	1450～1550	18～19	2.6～2.7	1500℃ 0.1～0.4	54～90
红柱石砖	拱顶、燃烧室 蓄热室上部	1790	1450～1550	18～19	2.6～2.7	1500℃ 0.1～0.4	80～90

宝钢 1 号高炉热风炉砌砖见图 2-2。使用的耐火材料性能指标见表 2-7 和表 2-8。

表 2-7 宝钢 1 号高炉热风炉用耐火材料性能指标

项 目	H21	H22	H23	H24	H25	H26
Al_2O_3 含量/%	≥75	≥80	≥65	≥65	≥60	≥50
耐火度/℃	≥1850	≥1850	≥1850	≥1820	≥1790	≥1790
显气孔率/%	≤21	≤22	≤19	≤24	≤24	≤24
冷态抗压强度/MPa	≥50	≥40	≥50	≥40	≥30	≥30
体积密度/g·cm^{-3}	≥2.60	≥2.70	≥2.45	≥2.30	≥2.30	≥2.20
蠕变率(0.2 MPa,50 h)/%	≤1.0 1550℃	≤1.0 1500℃	≤1.0 1450℃	≤1.0 1500℃	≤1.0 1300℃	≤1.0 1270℃

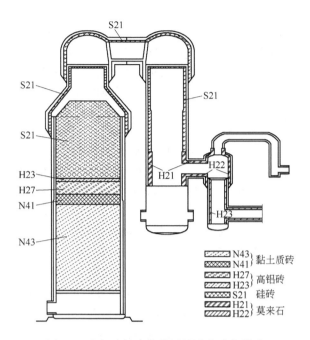

图 2-2 宝钢 1 号高炉热风炉耐火砖的材质

表 2-8 宝钢 1 号高炉热风炉用黏土砖、硅砖性能指标

项　目	N3	N41	N42	N43	S21
耐火度/℃	≥1690	≥1750	≥1710	≥1690	≥1710
荷重软化温度/℃	≥1350	≥1420	≥1380	≥1350	
重烧线收缩率/%	+0.5~-0.5 1350℃	+0.5~-0.5 1400℃	+0.5~-0.5 1350℃	+0.5~-0.5 1300℃	+0.5~-0.5 1450℃
显气孔率/%	≤26	≤24	≤24	≤24	≤23
冷态抗压强度/MPa	≥20	≥30	≥30	≥25	≥30
体积密度/g·cm⁻³	≥2.60	≥2.70	≥2.45	≥2.30	≥2.30
蠕变率(0.2 MPa,50 h)/%		≤1.0 1250℃	≤1.0 1200℃	≤1.0 1150℃	≤1.0 1550℃

为了减少热风炉炉壳热损失,降低炉壳温度,热风炉砌有隔热层。一般选用导热系数低的耐火材料,常用的有黏土质隔热耐火砖、高铝质隔热砖、轻质喷涂料、硅钙板、耐火纤维毡和纤维喷涂料等。黏土隔热砖和高铝隔热砖的理化指标见表 2-9 和表 2-10。

表 2-9 热风炉用黏土隔热砖理化指标

项　目		NG-1.5	NG-1.3	NG-1.0	NG-0.9	NG-0.8	NG-0.7	NG-0.6	NG-0.5	NG-0.4
密度/g·cm⁻³	≤	1.5	1.3	1.0	0.9	0.8	0.7	0.6	0.5	0.4
重烧线变化小于 2% 时的温度/℃		1400	1400	1350	1350	1300	1250	1250	1150	1150
常温耐压强度/MPa	≥	6.0	4.5	4.0	3.0	2.5	2.5	2.0	1.5	1.0
导热系数(350℃) /W·(m·K)⁻¹	≤	0.7	0.6	0.6	0.5	0.4	0.35	0.35	0.25	0.2

图例说明:
N43 / N41 黏土质砖
H27 / H23 高铝砖
S21 硅砖
H21 / H22 莫来石

表 2-10 热风炉用高铝隔热砖理化指标

项 目		LG-1.0	LG-0.9	LG-0.8	LG-0.7	LG-0.6	LG-0.5	LG-0.4
Al_2O_3 含量/%	≥	48	48	48	48	48	48	48
Fe_2O_3 含量/%	≤	2.0	2.0	2.0	2.0	2.0	2.0	2.0
密度/g·cm⁻³	≤	1.0	0.9	0.8	0.7	0.6	0.5	0.4
重烧线变化小于 2% 时的温度/℃		1400	1400	1400	1350	1350	1250	1250
常温耐压强度/MPa	≥	4.0	3.0	2.5	2.5	2.0	1.5	0.8
导热系数(350℃) /W·(m·K)⁻¹	≤	0.5	0.45	0.35	0.35	0.30	0.25	0.2

随着不定形耐火材料的发展,热风炉应用不定形耐火材料的部位有所增加。如对热风炉炉壳喷涂轻质喷涂料;热风炉低温孔口采用高铝质或黏土质浇筑料;热风炉主烟道、支烟道、预热助燃空气、煤气管路和热风炉烟囱等普遍采用喷涂料或浇筑料。

热风炉的热风出口、热风总管与围管三岔口、上部人孔等高温孔口部位采用了组合砖,用莫来石－堇青石、红柱石、低蠕变高铝砖等,大大提高热风炉孔口的稳定性,延长了热风炉寿命。

热风炉设计和选择耐火材料时,还要考虑蓄热面积与格子砖重量。热风炉的蓄热面积是热风炉的重要参数之一,通常情况下,单位体积鼓风量所具有的加热面积为 $28 \sim 38 \ m^2/m^3$;为了达到足够的蓄热能力格子砖还应具有一定的重量。

减薄格子砖的厚度,减小格孔尺寸,能增大热风炉的加热面积,但是相对地降低了热风炉的蓄热能力;在选择格子砖的厚度时,要同时兼顾格子砖的加热面积和蓄热能力。

增大蓄热面积,对加快传热有利,由于蓄热量相对降低,必然要缩短送风时间,提高热风炉的换炉频率,为此要具有较高的热风炉操作水平。如果增加格子砖的重量,热风炉蓄热能力增强,但是热交换速率相对降低,升温缓慢,可以延长送风时间,这样热风炉工作周期较长。

由此可见,热风炉在选择格子砖时,必须兼顾加热面积与格子砖厚度在一个合理的范围之内。随着操作技术的提高,格子砖的厚度逐渐减薄,现在多采用七孔格子砖。在保证格子砖强度的条件下,砖壁厚度一般为 $22 \sim 30 \ mm$,最薄不低于 $20 \ mm$。

2.2.2.3 我国热风炉用耐火材料的发展

20 世纪 50 年代,我国热风炉用耐火材料主要是黏土砖,格子砖是片状平板砖,品种也比较单一,基本能满足当时 $800 \sim 900℃$ 的风温要求。60 年代,随着高炉喷吹技术的应用,风温有了很大提高,可以达到 $1000 \sim 1100℃$ 左右的风温水平。为满足高风温的要求,在热风炉的高温部位使用高铝砖砌筑,也由板状格子砖发展为整体穿孔砖。70 年代,将硅砖应用于热风炉,使热风炉耐火材料的应用发展到一个新阶段。从 80 年代、90 年代到现在,热风炉用耐火材料又有了新的长足进步和突破:

(1) 低蠕变高铝砖的开发与研制;
(2) 陶瓷喷涂料的应用;
(3) 组合砖和异型砖的应用;
(4) 用耐火球代替格子砖的开发与应用。

复习思考题

1. 高炉用耐火材料的主要性能有哪些?
2. 高炉常用的耐火材料有哪些?
3. 影响材料导热性能的主要因素有哪些?
4. 对热风炉用耐火材料的要求有哪些?
5. 热风炉常用的耐火材料主要有哪些?
6. 硅砖在使用及日常维护中要注意哪些问题?
7. 热风炉用耐火砖损毁的形式有哪些?
8. 目前我国热风炉的耐火砌体有哪两种结构?

3 热风炉系统的主要设备

热风炉系统属高炉送风系统,包括鼓风机、热风炉及其附属设备等。

3.1 高炉用鼓风机

高炉鼓风机是供给高炉所必需的大量空气的设备,高炉的发展与鼓风系统的改进密切相关。随着高炉的大型化和超高压操作,鼓风机也向着大流量、高风压、高转速、大功率、高自动化的方向发展。

高炉鼓风机分为轴流式和离心式两大类。

轴流式鼓风机的能力目前已达到:风量 10000 m³/min,风压 0.7 MPa,功率 70000 kW。

离心式鼓风机的风量已达到 5000 m³/min,风压 0.45 MPa,功率 22000 kW。

3.1.1 高炉对鼓风机的要求

3.1.1.1 足够的送风能力

高炉生产能力可用下式确定:

$$P = \frac{1440Q}{Fq} \tag{3-1}$$

式中　　P——高炉生产能力,t/d;

　　　　Q——高炉入炉风量,m³/min;

　　　　F——燃料比,t/t;

　　　　q——燃烧每吨燃料所消耗的风量,m³/t。

可见,在一定冶炼条件下,入炉风量的多少决定着高炉的日产量,故要创造条件使高炉能够接受最大的风量,为此需要有符合要求的鼓风机,向高炉提供足够的风量和风压。

足够的风量实质上是供给充足的氧气量,以保证燃料的完全燃烧以提供热量。因此风量主要与炉容大小、冶炼强度有关。小高炉的冶炼强度较高,单位炉容所需的风量比大高炉相应要多些,各类型高炉单位炉容需要的风机出口风量如表 3-1 所示。

表 3-1　高炉单位炉容所需风机出口风量

炉　容	原料条件	风机出口风量/m³·(m³·min)⁻¹	
		平原地区	高原地区
大　型	50%烧结矿	2.3~2.6	2.6~2.9
	100%烧结矿	2.6~2.9	2.9~3.2
中　型	100%天然矿	2.8~3.2	3.2~3.5
	100%烧结矿	3.2~3.5	3.5~3.8
小　型	100%烧结矿	4.0~4.5	5.0~6.6

鼓风机必须有足够的风压,才能克服送风系统和炉内料柱的阻力损失,以达到高炉炉顶压力需要。送风系统的阻力损失与送风管路的布置形式、气流速度和热风炉类型有关;炉内料柱阻力损失与炉容大小、炉型、原燃料的条件、装料制度和冶炼强度有关。不同容积高炉的炉顶压力、送风系统和料柱的阻力损失与高炉所需风压参见表 3-2。

表 3-2　不同容积高炉所需风压

炉容/m³	原料条件	料柱阻损/kPa	送风系统阻损/kPa	炉顶压力/kPa	风机出口风压/kPa
4000	自熔性烧结矿	150~170	20	25	510~550
2500	自熔性烧结矿	140~160	20	150~250	310~430
2000	自熔性烧结矿	140~150	20	150~200	310~370
1500	自熔性烧结矿	130~140	20	100~150	250~310
1000	自熔性烧结矿	110~130	20	100~150	230~300
620	自熔性烧结矿	100~110	20	60~120	180~250
255	自熔性烧结矿	65~85	150	25~80	105~180
100	30%烧结矿 70%铁矿石	55	150	20~25	90~95
50	30%烧结矿 70%铁矿石	45	100	20~25	75~80

高炉随着大型化和高压操作,必须配备大容量、高风压的鼓风机。

3.1.1.2　送风均匀稳定且有一定的风量、风压调节范围

按高炉冶炼要求固定风量操作,以争取炉况稳定顺行时,风量不应受风压的影响,即当风压波动时,风量稳定不受风压的影响。在炉况不顺行,或热风炉换炉等情况下,变动风量时风压要稳定。

此外,由于操作条件变化,如高炉在加风或减风,或采用不同的炉顶压力操作,或炉内料柱透气性变化时,都要求风机出口风量和风压能在较大范围内变动;同样,在不同的气象条件下,如夏季和冬季,由于大气温度、气压和湿度的变化,风机的实际出口风量和风压必然有相应的变化。因此要求风机出口风量和风压有一定的调节范围。

3.1.1.3　应充分发挥鼓风机的能力

高炉尽可能选用额定效率高,且高效区较宽的鼓风机。高炉要有合理的冶炼强度范围,就进风状态而言,在气温、气压、大气湿度和季节等情况不同时,鼓风机的安全运行范围、高效率经济运转区也不同。因此,风机受大气条件变化的影响要尽量小些;风量大时要避免放风运转;风量小时要避免风机喘振;暂时需要最大风量时,不应要求最高的风压,否则使驱动机功率增大。总之,要避免风机出力不够或"大马拉小车"的现象。调节范围要适当,要使经常运行的范围处在高效率区。

3.1.2　高炉鼓风机的种类

排气压力在 0.115~0.7MPa 的风机称为鼓风机。鼓风机是一种能量转换设备,即气体借助鼓风机,把外界输入的能量转换为气体的势能和动能,提高气体的单位能量,从而获得高压气体。可见,鼓风机是高炉获得高压供风的设备。高炉常用的鼓风机有旋转式风机、离心式风机和轴流

式风机。过去,小高炉多使用旋转式的罗茨鼓风机。大、中型高炉使用轴流式和离心式鼓风机。

3.1.2.1 罗茨鼓风机

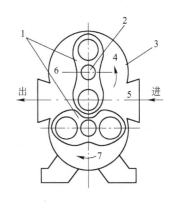

罗茨鼓风机的结构原理见图3-1。由图可见,在机壳内装有两个"8"字形转子1,两个转子装在两根平行轴2上,轴2上又各装有一个互相啮合、大小相同的齿轮,当电动机带动主轴转子时,主轴上的齿轮带动从动轴上的齿轮,两个转子做相对反向旋转。当转子旋转时,从进风口5吸入气体进入空腔4内,在空腔6内的气体被挤压到出风管,而空腔7内的气体则被围困在转子和机壳之间,随转子的旋转向出风管方向流动,当气体排到出风管内,气体的压力突然升高,增压的大小取决于出风管阻力情况。

罗茨鼓风机的气体是在容积不变的情况下升高压力的,即只要转子转动,总有一定体积的气体排到出风口,也有一定体积的气体被吸入。可谓"等容压缩"。这类风机也叫"定容

图 3-1 罗茨鼓风机结构原理
1—转子;2—轴;3—机壳;
4,6,7—空腔;5—进风口

式"或"容积式"风机。风量调节的办法只能采用高压空气部分放空,或者引流至低压管。严禁用关闭进、出风口的办法调节风量,否则会引起风压不断升高而引发机械故障。

为避免引起接触摩擦,使转子得以高速旋转而不需润滑,罗茨鼓风机两转子间保持 0.4~0.5 mm 的间隙,转子和机壳之间保持 0.2~0.3 mm 的空隙。空隙过大气体会大量泄漏,影响效率。进出口压差愈大,空隙漏风也愈严重。可见,这种风机的风压有一定限制,一般在 0.12~0.2 MPa 范围,送风量小于 400 m³/min。

罗茨风机的理论排风量与转子外圆直径、转子长度及其外轮廓形状有关,当转子外形呈渐开线形状时,流量最大。

3.1.2.2 离心式鼓风机

离心式鼓风机的结构如图3-2所示,当叶轮旋转时,气体沿轴向被吸入,当气体在叶片间流动时,旋转的叶轮推动气体质点运动,产生离心力,从而提高了气体的势能和动能,送出具有一定压力和数量的气体。有效容积 55 m³ 以上的高炉常用此种风机。

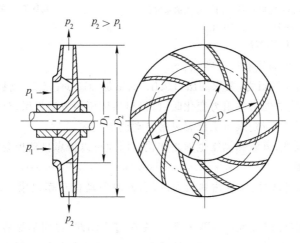

图 3-2 离心式鼓风机叶轮形状

为了提高离心风机的风压,工业上常常在机壳内将几个叶轮串联安装在同一个轴上,称此为"多级离心式鼓风机",又叫"透平鼓风机",如图 3-3 所示。这样不仅设备紧凑,而且又提高了效率;每个叶轮就是鼓风机的一个级,一般经过 2~5 级就可将气体由低压转变为高压,压力可达0.2~0.5 MPa。"级"数愈多,获得的风压也愈高。

离心式鼓风机叶轮的圆周速度为 250~300 m/s。风量与转速成正比,风压则和转速的平方成正比。同时风量随风压大小而变化,而且风压又自动限定在某个范围内,无论设备系统的阻力情况如何,风压都不会超越这一限度。如关闭出风口,这时气体虽不能排出机外,也无气体吸入,风机内部的风压不会继续升高,机内的气体只是随着叶轮旋转而已,故又称它为"定压式风机",允许通过变动出风口或进风口开启程度来调节风量。

在一定的吸气条件下,离心式鼓风机的风压、效率及功率随风量与转速而变化的曲线,叫作鼓风机的特性曲线。图 3-4 为 K-4250-41-1 型离心式鼓风机的特性曲线,适用于 1500~2000 m³的高炉。

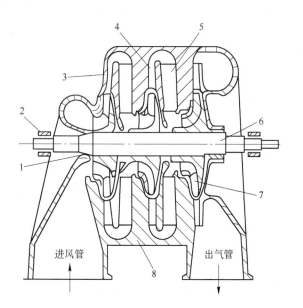

图 3-3　多级离心式鼓风机
1—密封装置;2—轴承;3—无叶扩压器;4—有叶扩压器;
5—回流器;6—转子;7—工作叶轮;
8—机壳(气缸)

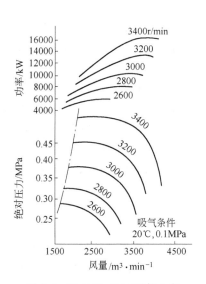

图 3-4　K-4250-41-1 型离心式
鼓风机的特性曲线

离心式鼓风机的特性曲线有以下特点:

(1) 风机的风量随外界阻力(要求的出口风压)的增加而减少;相反,风量则自动增加。当高炉炉况波动,炉顶压力或炉内料柱阻力变化时,风机出口风压的波动将引起风量的变化。为了保证高炉在所规定的风量下工作,鼓风机设有风量自动调节机构。

由于风机的转速改变,风量和风压也随之变化。因此可以依靠自动控制风机的转速,来使风量保持在所规定的范围。

(2) 当风机的风压过低时,风量达到最大区段,此时原动机功率也增加,因此大量放风时将导致原动机过载。

(3) 当风机的风压过高时,风量将迅速减小,在超过飞动线(也叫喘振线,即图 3-4 上的点划线表示的范围)时,会出现倒风现象。这时,风机和管网系统内的气体不断往复振荡,风机性能被破坏,出现周期性剧烈振动的噪声,风机处于"飞动"状态而损坏。这种现象称为"喘振"现象,必须防止。鼓风机只能在喘振边界线右边的安全运行区内工作才是稳定的,一般在喘振边界线向右风量增加20%处工作才合适;否则,偏左运行危险,偏右运行则不经济。

(4)风机转速愈高,风压-风量曲线末尾的线段越来越陡。因此,风量过大,风压降低很多,而中等风量曲线较平坦,效率也较高,这个较宽的高效率的区间,称为经济运转区。

(5)风机的特性曲线随吸气状态的不同而变化。图3-4的特性曲线是在特定的吸气条件下测定的。由于大气温度、气压和湿度等气象条件的变化,各地区海拔高度的不同,其风量的变化是很大的。即便是同一风机采用同一转速,在夏季的出口风压往往要比冬季低20%~25%。因此,在应用风机特性曲线时,应根据高炉所在地区和季节的气象条件,进行风量和风压的折算。

离心式鼓风机结构简单,机械磨损小,工作可靠,维护条件好,可连续运转2~3年,效率可达80%。其动力可以是蒸汽机也可以是电动机。

3.1.2.3 轴流式鼓风机

随着高炉有效容积的大型化,要求鼓风机设备体积小、效率高。离心式鼓风机的气流方向与叶轮旋转的方向垂直,效率降低;且离心式鼓风机体积较庞大、制造困难,功率消耗多。为减少气流转折,使之沿着轴向吸入和排出,开发了轴流式鼓风机。轴流式鼓风机是利用装有叶片的叶轮将能量传递给气体。图3-5为多级轴流式鼓风机简图。静叶系列也称导流叶系列,固定在机壳上与机壳一起构成定子;工作叶系列即动叶系列,固定在转子上,转子支承在轴承上,轴承既承受整个转子的径向荷载,又承受风机工作时所产生的轴向力。一个工作叶片和它后面的一片导流静叶的组合,叫作轴流式风机的一个"级",轴流式鼓风机为5~10级。

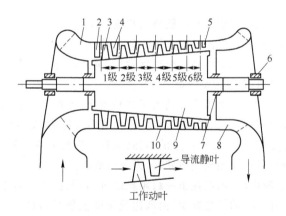

图 3-5 多级轴流式鼓风机简图
1—进口收敛器;2—进口导流器;3—工作动叶;4—导流静叶;5—出口导流器;
6—轴承;7—密封装置;8—出口扩散器;9—转子;10—机壳

轴流式鼓风机的工作原理:当原动机带动转子高速旋转时,其圆周速度可达200~300 m/s,气体从轴向吸入,经过进口导流器,依次流过轴流式风机的各个级。在叶片连续旋转推动下,使之加速并沿轴向排出,从而获得动能和势能,气体离开最后一级后,经出口导流器和出口扩散器流向排气管口。

气体在轴流式鼓风机内被叶片螺旋推进,沿着轴向流动而没有转折,加之各种叶片装置、扩散器,吸气与排气管口等通流部件,都比离心式鼓风机更合理,即风机叶片不仅具有最佳翼型,且其静叶片角度又可调。所以与能力同等的离心式鼓风机相比,尺寸小,效率可提高10%以上;同时通过调节静叶片角度,可以扩大风量的变动范围,提高风机的稳定性,非常适合用于大型高炉。当前,轴流式风机在国内外大型高炉上得到广泛应用。我国新建容积在 1000 m³ 以上的高炉,均采用轴流式鼓风机。宝钢 1 号高炉为全静叶可调轴流式鼓风机,并采用同步电动机驱动,最大风量达 8800 m³/min,最大风压为 0.61 MPa。

图 3-6 为轴流式风机的工况范围。由图可见,多级轴流式风机的使用范围受 4 条界线的限制。曲线 1 为喘振线即飞动线;曲线 2 为旋转失速线;曲线 4 为第一级阻塞线;曲线 3 为末级阻塞线。对静叶可调型风机,静叶、动叶各有一条末级阻塞线。

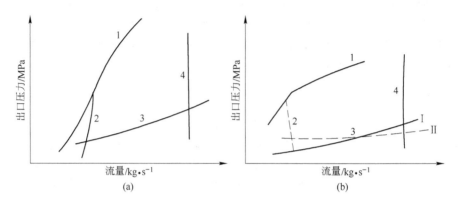

图 3-6　轴流鼓风机工况范围图
(a) 静叶固定型,(b) 静叶可调型
1—喘振线;2—旋转失速线;3—末级阻塞线(Ⅰ动叶、Ⅱ静叶);4—第一级阻塞线

当风机工作在喘振区时,风机中的某一级就会出现正失速现象,一般情况,大流量区的喘振由末级叶栅的正失速引起,小流量区的喘振由第一级叶栅的正失速引起。通常在特性曲线图上设计一条防喘振线,叫放风线。工况点到该线时就放风,通过降压增量的办法避免喘振;喘振线与放风线的距离间隔,按风量留约 10% 余量。

当风机在小流量区运行时,气流流入叶栅的正冲角增大,使叶片背面气流脱离,并逐渐向背弧方向传播,形成旋转失速;旋转失速形成一个区,称为旋转失速区;旋转失速区运转使叶片产生交变应力,从而导致疲劳破坏;它是逐渐产生的破坏,从外部观察不易发现有什么不正常现象,只有在叶片长期疲劳达到极限后,才出现突然破坏,因此很危险。

第一级阻塞线是在大流量区,风机在第一级阻塞线外运行,由于流量增加超过一定值时,叶片上出现负失速,流过该叶片处的流量减少,而两边流道的流量则增加,最后导致整个叶轮的负失速。但是流过鼓风机的流量不可能无限增加,在给定吸气量的条件下,若通过第一级叶栅上的气流速度达到音速(马赫数等于1)时,即使再提高转速或改变静叶角度,流量也不会增大,这就是鼓风机的第一级阻塞界限,鼓风机的最大风量也取决于它。它只造成阻气现象,而不产生对叶片的周期性交变应力,故对叶片危害不大。

末级阻塞线是在低压区,当风机出口风压降低时,鼓风机内的气体因膨胀而加快流速,并在末级叶栅上达到音速,这时即使再降低出口风压,也不会影响鼓风机的工作状况,这就是末级阻塞现象。由此将导致末级叶栅前(按气流方向)的气压升高,末级叶栅后的气压降低,使其前后压差加大,因此在此线以下运行是不利的。

可见,轴流式鼓风机安全运行有一个范围,此范围称为安全运行区或稳定工作区;如果鼓风机在安全运行区以外工作,就会发生事故,甚至会把鼓风机毁掉。不同形式的鼓风机这个区域的边线也不完全一样。

轴流式鼓风机正常运行范围就是其稳定工作区,再加上各种安全措施如防喘振放风线、防阻塞线和风压限制线等之后的区域,可称此范围为鼓风机的有效使用区。图 3-7 为转速和静叶角均可调的轴流式鼓风机特性曲线,它反映出鼓风机的有效使用区。

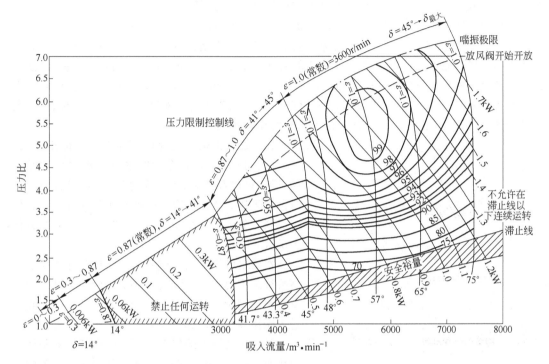

图 3-7 轴流式鼓风机特性曲线

吸入状态气压:0.1 MPa(752 mmHg);气温:20℃;

相对湿度:72 %;$N = 21800$ kW;$n = 3860$ r/min,$\varepsilon = 1$

从轴流式鼓风机特性曲线可以看出:

(1) 风机风量随外界阻力(即要求的出口风压)增加而减少得不多,越是大流量区,几乎成了与风压坐标相平衡的直线,有利于高炉稳定风量操作。如果根据高炉鼓风量判断炉况时,须注意到有风压波动,而风量的变化反应却很缓慢,甚至不动的现象。

(2) 轴流式鼓风机特性曲线相对于离心式鼓风机较陡,允许风量变化范围窄,即稳定运转区较窄。因此轴流式风机只有在高炉稳定风量操作时才能体现出效率高的优势;若遇到原料条件差,风量调节频繁,风机的工作效率势必降低;当其效率与理论效率的比值降到 0.9 时,轴流式风机的高效率的特点就不存在了。因此选用轴流式风机应从建厂的具体条件及可能达到的精料水平等多方面考虑。

轴流式风机对灰尘很敏感,吸入的空气要过滤,常用的除尘方法有油浸过滤器和干式布袋除尘器。前者是空气通过含油的移动金属网板而除尘的,但鼓风中含油会污染叶片导致性能降低;后者是以化学纤维布袋布膜为滤材,尼龙布是连续卷曲式的,过滤经一定时间以后,布膜前后压差大到一定值时,布膜就自动卷起,后续的布膜再起过滤作用,效果较好。

轴流式鼓风机的噪声比离心式鼓风机大 10 dB 左右,要加消声器或隔声罩来解决。

3.1.3　高炉鼓风机的选择

　　高炉要求鼓风机提供合适的风压风量,但鼓风机有它的额定风压风量,因而高炉要求的安全运行与调节范围不一定是在鼓风机的高效率经济区范围之内,所以炉机配合不当,不仅影响高炉生产水平与效率,还影响基建投资的合理性和运行中能源的利用。

　　根据前面所讲的高炉对鼓风机的要求,炉机配合需要考虑两条基本原则:

　　(1)在一定的冶炼条件下,炉机的选配应使二者的生产能力得到充分的发挥。既不因炉容过大受制于风机能力不足,也不会由于风机能力过大而经常处于不经济区运行或放风操作,浪费能源。选择风机应为高炉的强化留有余量,一般为 10%～20%。大风量,虽然高炉得到强化,提高了利用系数,但每天的实际产铁量不一定得到提高。所以不宜片面追求高炉强化指标,要注意单位产量的投资;为充分发挥风机能力,在可能范围内来扩大炉容。

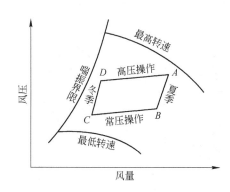

图 3-8　鼓风机工况区示意图

　　(2)鼓风机运行工况区必须在有效使用区内。"运行工况区"是高炉在不同季节和不同顶压操作时,或在料柱阻损发生变化的条件下,鼓风机的实际风量和风压的变动范围。这个变动范围,称为"运行工况区",如图 3-8 中 A、B、C、D 范围就是风机运行工况区。

　　在确定风机运行工况区时,首先要满足夏季最高冶炼强度的需要,见图 3-8 中 A、B 两点;其次在冬季能保证高炉在最低冶炼强度下操作,不放风或不进入喘振界限内,见图 3-8 中 C、D 两点。

　　风机送风能力随气温、气压、湿度等气象条件的变化而变化。工况点的确定,首先要考虑气象条件变化的修正,这是因为高炉所需风量是按标准状态计算的,但是大气的温度、压力和湿度则因地因时而异,鼓风机的吸气条件并不是标准状态,为此必须用气象修正系数来修正。我国各类地区风量修正系数 K 及风压修正系数 K' 列于表 3-3。

表 3-3　我国各类地区的风量修正系数 K 及风压修正系数 K'

季　　节	一类地区		二类地区		三类地区		四类地区		五类地区	
	K	K'	K	K'	K	K'	K	K'	K	K'
夏　季	0.55	0.62	0.70	0.79	0.75	0.85	0.80	0.90	0.94	0.95
冬　季	0.68	0.77	0.79	0.89	0.90	0.96	0.96	1.08	0.99	1.12
全年平均	0.63	0.71	0.73	0.83	0.83	0.91	0.88	1.00	0.92	1.04

注:地区分类按海拔标高划分:

　　高原地区:一类——海拔高度约 3000 m 以上地区,如昌都,拉萨等。

　　　　　　二类——海拔高度 1500～2000 m 地区,如昆明、兰州、西宁等。

　　　　　　三类——海拔高度 800～1000m 地区,如贵阳、包头、太原等。

　　平原地区:四类——海拔高度在 400 m 以下地区,如重庆、武汉、湘潭等。

　　　　　　五类——海拔高度在 100 m 以下地区,如鞍山、上海、广州等。

3.1.4　提高鼓风机出力的途径

　　对于已建成的高炉,因生产条件的改变,感到鼓风机能力不足,或者新建高炉缺少配套鼓风

机,都要求采取措施,提高现有鼓风机的出力,满足高炉生产的需求。提高鼓风机出力的措施有:

(1) 改造现有鼓风机本身的性能,如改变驱动力、提高转子的转速、改变风机叶片尺寸等;

(2) 改变吸风参数,如鼓风机吸风口喷水、鼓风机串联或并联等。

通常的办法是同性能的风机串联或并联使用。

3.1.4.1 鼓风机串联

鼓风机串联即在主风机吸风口前置一加压风机,使主风机吸入的空气密度增加,而离心式鼓风机的容积流量并没有改变,只是通过主风机的空气量增大了,从而提高了风机出力。

加压风机的风量要稍大于主风机,而风压较低。两个风机串联时风机的特性曲线与风机串联距离、管网等有关,因此风机的特性曲线低于二者叠加之值。在加压风机后应设冷却装置以防止主风机温度过高。

一般串联是为了提高风压。如果高炉管网阻力很大,高炉透气性又差,不需大风量,此时串联后可获得好的效果。

3.1.4.2 风机并联

风机并联就是将同性能的两台鼓风机的出口管道,顺着风的流动方向合并成一条管道通往高炉。

为了保证风机并联效果,尽量采用同型号或性能相同的两台风机,还要在每台鼓风机的出口处设置逆止阀和调节阀。逆止阀是用来防止风的倒灌;调节阀是用于两机并联时将风压调到相同值。

并联后风压原则上不变,风量叠加。当管网阻力小,需风量大的,可采用风机并联送风。同时,因为并联后风量增加,其送风管道直径也要相应扩大,使管线阻力损失不致增加。

串联、并联送风对提高鼓风机的出力程度是有限的,虽然能够提高高炉产量,但风机的动力消耗增加,是不经济的。

目前,为提高冶炼强度,降低焦比,提高高炉产量,高炉生产中采用加湿鼓风、脱湿鼓风及富氧鼓风等措施来强化高炉冶炼。

3.2 热风炉

3.2.1 热风炉的主要类型及其基本工作原理

理论和实践证明,高风温对高炉生产极为重要;热风带入的热量约占高炉总热量的1/3,它是高炉热量的重要来源。

加热鼓风的设备称为热风炉。1828 年,美国开始使用高炉热风炉,随着采用喷吹燃料技术的不断发展,为提高喷吹效率,要求热风炉提供更高的风温,以实现高炉增产、降焦,提高生铁品质的目的。

3.2.1.1 热风炉的工作原理

A 热风炉的蓄热过程

现代热风炉是一种蓄热式热交换器。图 3-9 为内燃蓄热式热风炉,炉内分成燃烧室(又称火井)、蓄热室两个主要部分,两室由耐火砖隔墙分开。燃烧室是个燃烧的通道;蓄热室内充填格子砖作为贮热体;格子砖有若干垂直的孔道即格孔;目前使用的格子砖主要是整体穿孔砖,板状砖很少使用。格子砖由下边的铸铁炉箅子和支柱撑托。

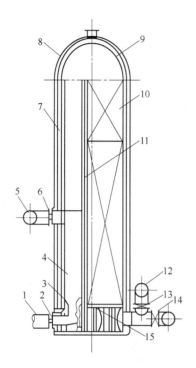

图 3-9　内燃蓄热式热风炉构造图

1—煤气管道；2—煤气阀；3—燃烧器；4—燃烧室；
5—热风管道；6—热风阀；7—大墙；8—炉壳；
9—拱顶；10—蓄热室；11—隔墙；12—冷风管道；
13—冷风阀；14—烟道阀；15—炉箅和支柱

B　蓄热式热风炉的工作原理

蓄热式热风炉每个循环工作周期包括燃烧期和送风期。

工作原理的实质，就是燃料在燃烧过程加热格子砖，格子砖将燃烧热量储备起来；当转为送风期后，格子砖再将热量传递给冷风，冷风加热升温后送入高炉炼铁。图 3-10 为热风炉的工艺过程。

燃烧期：主要任务是将热风炉格子砖加热到一定温度。此时关闭冷风入口和热风出口，按一定比例将煤气和空气从燃烧器送入，煤气燃烧，燃烧产物即废气也叫烟气，经格子砖由出口过烟道从烟囱排放，废气流动过程将格子砖加热到需要的高温，然后转入送风期。

送风期：主要任务是将鼓风机送来的冷风加热到 1000～1200℃ 送入高炉。此时燃烧器和烟气出口关闭，冷风入口和热风出口打开，由鼓风机经冷风管道送来的冷风通过格孔时被加热，热风经热风出口和管道送入高炉。经过一段时间后，格子砖蓄存的热量减少，进入的冷风不能加热到预期的温度，这时就由送风期再次转入燃烧期。

一座热风炉经过燃烧期和送风期即完成了一个循环，热风炉就是这样燃烧和送风不断循环地工作着。由于蓄热式热风炉是燃烧（即加热格子砖）和送风（即冷却格子砖）交替工作，为了能连续向高炉供给高温空气，每座高炉至少配置两座热风炉；由于设备维护、检修和提高风温的需要，一般每座高炉设有三座热风炉。对于 2000 m³ 以上的大型高炉，为了不使设备结构过于庞大，并考虑到工作的可靠性，以及交叉并联送风等技术的应用，每座高炉配备四座热风炉。

热风炉组拥有的蓄热面积一般为每立方米炉容 60～80 m²，通常把高炉每立方米有效容积应具有的蓄热面积叫作热风炉的加热能力；也有的用每立方米风量(标态)所需的加热面积来表示，一般为 25～35 m²/(m³·min)；日本设计为 30～33 m²/(m³·min)，相当于 1250～1350℃ 风温，个别达 37 m²/(m³·min)。

3.2.1.2　热风炉的主要类型

热风炉结构主要有三种类型：内燃式热风炉、外燃式热风炉和顶燃式热风炉。

A　内燃式热风炉

内燃式热风炉是最早使用的一种形式，由考贝发明，故又称为考贝蓄热式热风炉。

内燃式热风炉的燃烧室和蓄热室同置于一个圆形炉壳内，由一个隔墙将其分开。内燃式热风炉又分为传统内燃式和改造内燃式。图 3-9 是传统内燃式热风炉结构示意图。

传统内燃式热风炉有以下几大缺点：

(1) 隔墙两侧燃烧室与蓄热室的温差太大，又是使用套筒式金属燃烧器，容易产生严重的燃

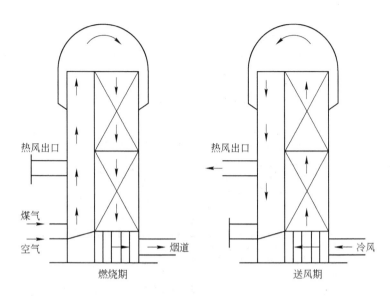

图 3-10　热风炉燃烧期与送风期

烧脉动现象,从而引起燃烧室裂缝、掉砖,甚至烧穿短路。

（2）拱顶坐落在大墙上,结构不合理;拱顶受大墙不均匀涨落与自身热膨胀的影响而导致裂缝、损坏。

（3）当高温烟气由拱顶进入格子砖时,拱顶局部容易过热,致使蓄热室中心部位烧损严重,同时由于高温区耐火砖的高温蠕变,造成燃烧室向蓄热室侧倾斜,引起格孔紊乱。

（4）随着高炉的大型化,风压越来越高,热风炉成为一个受压容器,热风炉的炉皮随着耐火砌体的膨胀而上涨,炉底板被拉成"碟子"状。焊缝拉开,炉底板拉裂,造成严重漏风。

（5）由于热风炉存在着周期性的摆动和上下涨落移动,经常出现热风炉短管"烂脖子"现象。

因此,当风温长期维持在 1000℃ 左右时,这种热风炉内部结构要遭到破坏,限制了风温的进一步提高。正是由于传统内燃式热风炉的风温低,寿命短,因此必须进行技术改造。

在传统内燃式热风炉的基础上进行技术改造,主要是:

（1）采用圆形燃烧室（火井）及新型隔墙;

（2）采用陶瓷燃烧器和圆弧形炉底板;

（3）应用锥形拱顶、蘑菇拱顶等新技术。

应用了上述新技术,基本上解决了燃烧室掉砖、烧穿、短路等问题,也改善了拱顶的稳定性,克服传统内燃式热风炉的弊病。图 3-11 即为改造后的内燃式热风炉结构示意图。

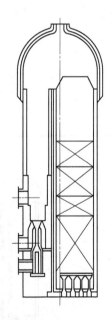

图 3-11　改造后的内燃式
热风炉结构示意图

B　外燃式热风炉

外燃式热风炉是内燃式热风炉的进化与发展,也是蓄热式热风炉的另一种类型。

目前广泛应用的外燃式热风炉的燃烧室独立地砌筑于蓄热室之外,两室的顶部以一定的方式连接起来。

外燃式热风炉有四种类型,即地得式、科珀式、马琴式和新日铁式。它们的主要区别在于拱顶及其连接方式,各种外燃式热风炉的结构特征及其优缺点列于表 3-4 中,图 3-12 为其结构形式。

表 3-4　各种外燃式热风炉的结构特征及其优缺点

热风炉类型	拱顶结构	优缺点	首次使用时间、地点
地得(Didier)式	由两个不同半径接近 1/4 的球形和半个截头圆锥组成,整个拱顶呈半球形整体结构,燃烧室上部或下部设有膨胀补偿器	1. 高度较低,占地面积较小 2. 拱顶结构较简单,砖型较少 3. 晶间应力腐蚀问题较易解决 4. 气流分布比其他外燃式热风炉差 5. 拱顶结构庞大,稳定性较差	1959 年
科珀(Koppers)式	燃烧室和蓄热室均保持其各自半径的半球形拱顶,两个球顶之间由配有膨胀补偿器的连接管连接	1. 高度较低,占地面积较小 2. 钢材及耐火材料消耗量较少,基建费用较省 3. 气流分布较地得式好 4. 砖形多 5. 连接管端部应力大、容易开裂	1950 年,由化学工业引用于高炉
马琴(Martin&Pagellstecher)式	蓄热室顶部有锥形缩口,拱顶由两个半径相同的 1/4 球顶和一个平底半圆柱连接管组成	1. 气流分布好 2. 拱顶尺寸小,结构稳定性好 3. 砖型少 4. 使用材料较多,散热面较大 5. 燃烧室与蓄热室之间没有膨胀补偿器,燃烧室高度选择不当时,拱顶应力大,易产生裂缝	1965 年,沃古斯特－蒂森公司
新日铁式	蓄热室顶部具有锥形缩口,拱顶由两个半径相同的 1/2 球顶和一个圆柱形连接管组成,连接管上设有膨胀补偿器	1. 气流分布好 2. 拱顶对称,尺寸小,结构稳定性好 3. 使用材料较多,散热面积较大 4. 砖型较多,投资较高 5. 占地面积最大	20 世纪 60 年代末,新日铁八幡制铁所洞冈高炉使用

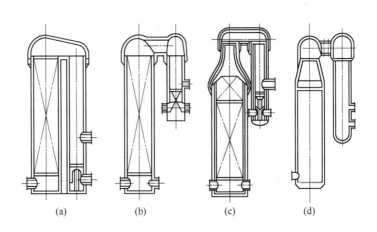

图 3-12　外燃式热风炉的结构形式
(a) 地得式;(b) 科珀式;(c) 马琴式;(d) 新日铁式

本钢 5 号高炉的热风炉为地得式;鞍钢 6 号高炉热风炉为马琴－派根司特外燃式;鞍钢 7 号、10 号高炉,宝钢所有热风炉都是新日铁式外燃式(图 3-13、图 3-14)。

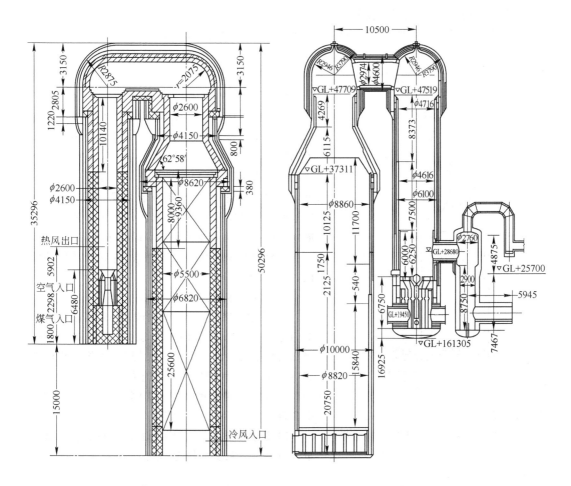

图 3-13 鞍钢 6 号高炉马琴外燃式热风炉   图 3-14 宝钢 1 号高炉新日铁外燃式热风炉

外燃式热风炉具有如下特点：

（1）燃烧室和蓄热室各自独立而设，消除了燃烧室与蓄热室隔墙受热不均的现象，避免了由于砌体膨胀不同而引起的破损。由于燃烧室与蓄热室各自独立，在热风炉直径相同的条件下，比内燃式蓄热面积增大 25% ～ 30%，不仅能提高风温，还可延长热风炉寿命。

（2）燃烧室为圆形，利于燃烧。拱顶连接方式利于气流在蓄热室内的均匀分布，其中以马琴式和新日铁式的气流分布为最好。

（3）拱顶变成一顶半茄形的大帽子，其内径又稍大于燃烧室和蓄热室砌体的外径；拱脚支撑在炉壳外侧的环形梁上，与周围大墙没有直接关系；因此消除了拱顶各部位所受到的不同推力，从而避免了不均匀位移。

（4）燃烧室、蓄热室、拱顶自身砌体及外壳各成体系自由膨胀，并允许一定径向膨胀，保证了拱顶结构的稳定性。

国内外的生产实践证明，除地得式外，其他外燃式热风炉的风温长期保持在 1300℃ 的高温下，燃烧室、拱顶与蓄热室都能保持完整，没有大的破损。可以认为它们的结构是合理的，气流分布是均匀的，有利于采用大风量、大煤气量操作，为高炉强化冶炼创造了条件。

（5）与内燃式相比，外燃式热风炉有占地面积大、投资高、钢材和耐火材料消耗量大等弱点。

（6）砌砖结构复杂,复杂异型砖的用量大。

（7）外燃式热风炉壳体的晶间应力腐蚀严重,容易引起炉壳开裂。所谓晶间应力腐蚀,是指炉壳钢材与腐蚀介质接触后,在钢材表面形成电解质,使钢板应力腐蚀敏感性增加,从而引起钢板破裂。

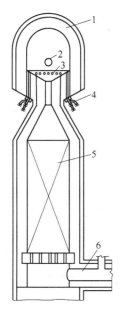

图 3-15　顶燃式热风炉结构示意图

1—拱顶;2—热风出口;3—燃烧孔；4—混合道;

5—高效格子砖;6—烟道与冷风入口

C　顶燃式热风炉

顶燃式热风炉也是蓄热式热风炉的一种类型。这种热风炉不设专门的燃烧室,而是将拱顶空间作为燃烧室;每座热风炉炉顶配有 2～4 个燃烧口,外装燃烧器;热风出口稍低于燃烧口。顶燃式热风炉可呈一列式布置,也可呈正方形布置。顶燃式热风炉也称无燃烧室式热风炉,如首钢采用的就是这种形式。图 3-15 为顶燃式热风炉结构示意图。

顶燃式热风炉吸收了内燃式、外燃式热风炉的优点,其特点如下:

（1）与内燃式热风炉相比:

1）顶燃式热风炉采用短焰燃烧器,直接在拱顶下的空间内燃烧,并能保证煤气完全燃烧,减少了燃烧时的热损失。由于取消了燃烧室,蓄热面积增加 25%～30%,从而增加了蓄热能力。

2）取消了侧面的燃烧室,从根本上消除了燃烧室和蓄热室中、下部产生"短路"的可能。

3）顶燃式热风炉炉顶结构对称而稳定,炉型简单,结构强度高,受力均匀,温度区间分明。

4）气流分布均匀。

5）节省了热风炉操作平台周围的空间,节省了占地面积。

6）矩形分布,各炉风温均匀,减少管道热损失。

（2）与外燃式热风炉相比:

1）占地少、投资省、可节约大量的钢材和耐火材料,效率高。

2）砌砖结构简单,节省大量的异型砖。

3）钢结构简单,可以避免和减少晶间应力腐蚀的可能性。

因此可以认为顶燃式热风炉的结构合理,也是技术发展的成果之一。随着热风炉整体技术的进步,各种结构形式顶燃式热风炉越来越得到广泛应用,并收到了投资少见效快的效果。

D　球式热风炉

球式热风炉也可划归为顶燃式热风炉,它是以自然堆积的耐火球代替通道规则的格子砖来蓄热。由于是球床代替了格子砖,气体在球床内是不规则紊流运动,其横向、纵向等多维断面都参与了热交换,球床的加热面积为格子砖的 3～5 倍,传热系数比格子砖约高 10 倍,因而使蓄热室加热过程和结构参数发生了显著变化。在总加热面积相同的条件下,球式热风炉蓄热室的体积要小得多,加之采用了顶燃式结构,故球式热风炉体积小。图 3-16 为球式热风炉的结构示意图。

球式热风炉热工特性的明显改善,比高效的内燃式热风炉更具优越性。

（1）比内燃式热风炉更容易获得高风温。球式热风炉单位鼓风的蓄热面积大,综合传热系

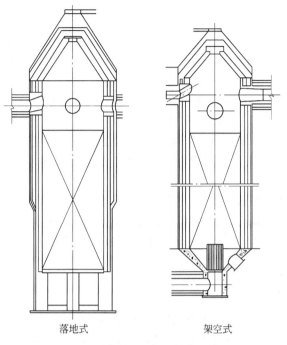

落地式　　　　　　　　　　架空式

图 3-16　球式热风炉的结构示意图

数高,热效率接近 80%,送风温度和拱顶温度之差在 50~100℃ 之间。故在相同的拱顶温度下,球式热风炉出口风温比内燃式热风炉高 70~100℃。

(2) 球式热风炉体积小,结构简单,施工方便,材料用量少,投资省。

(3) 球式热风炉从根本上克服了内燃式热风炉燃烧室隔墙倾斜、倒塌、开裂的固有缺陷。

3.2.2　热风炉的炉体结构

热风炉本体由炉基、炉壳、大墙、拱顶、燃烧室、蓄热室、隔墙、支柱和炉箅子组成。

3.2.2.1　炉基

热风炉是由钢结构和大量的耐火砌体及附属设备组成的,具有较大的荷重。这就要求必须有相应的基础,即炉基。

热风炉的炉基不仅要承载热风炉本体的重量,还要承载其附属设备及相应构筑物的重量;这些荷重将随高炉炉容的扩大和风温的提高而增加,故要求地基耐热压力不小于 0.2~0.25 MPa。土壤承载力不足时,应打桩加固。

基础不能发生不均匀下沉和过分沉降,为此热风炉的炉基有两种形式:一是将一组热风炉建筑在同一个混凝土的基础上,即将同一座高炉的热风炉组基础做成一个整体,高出地面 200~400 mm,以防水浸。基础为钢筋混凝土结构,可由 Q235F 或 20MnSi 钢筋和 325 号水泥浇筑而成;二是每座热风炉建有各自独立的基础。近年来,有的把块体基础改成壳体结构即空心基础,效果很好。

总之,热风炉的炉基必须能承受全部荷重,并保持热风炉稳定。

3.2.2.2 炉壳

炉壳的作用为:1)承受砖衬的热膨胀力;2)承受炉内气体的压力;3)确保密封。炉壳下部是圆柱体,顶部为半球体;现代高温热风炉炉壳,是由 8～20 mm 厚度不等的钢板,与炉底一起焊成一个不漏气的整体,内衬为耐火砖砌体,并用地脚螺丝将炉壳固定在炉基上。

随着高炉大型化,风压愈来愈高,热风炉成为名副其实的"受压容器"。因此对炉壳材质的选择和焊接工艺的要求越来越高,有向厚炉壳发展的趋势。

热风炉是受热设备,炉壳、耐火砌体的膨胀,会使热风炉底封板受到很大的拉力;为此要求:

(1)底封板向上抬起,热风炉炉壳用地脚螺栓固定在基础上,同时炉底封板与基础之间进行压力灌浆,保证板下密实。

(2)还可以把地角螺栓改成锚固板,并在底封板上灌上混凝土,将炉壳固定使其不变形。

(3)将平底封板加工成碟形板,使热风炉成为一个受内压的气罐,减弱操作应力的影响。

目前采用了圆弧形炉底板,从根本上解决了底板被拉变形而导致焊缝开裂,避免了漏风的弊病。

3.2.2.3 大墙

大墙即热风炉炉体外围的炉墙,由耐热层、绝热层、隔热层组成。耐热层由 345 mm 厚的耐火砖砌成,砖缝应小于 2 mm;大墙与炉壳之间是绝热层,65 mm 厚,用硅藻土砖砌筑;在绝热层和大墙之间是隔热层,60～145 mm 厚,用干水渣料填充。在上部高温区耐火砖外增加一层厚度为113 mm 或 230 mm 的轻质黏土砖,以加强绝热,减少热损失。

现代大型热风炉炉墙为独立结构,可以自由膨胀,在稳定状态下,炉墙仅成为保护炉壳和减少热损失的保护性砌体。

3.2.2.4 拱顶

拱顶是连接蓄热室和燃烧室的空间,长期在高温状态下工作,除选用优质耐火材料砌筑外,还必须在高温气流作用下保持砌体结构的稳定性,满足燃烧时高温烟气流在蓄热室横断面上均匀分布,还要求砌体品质好,隔热性能好,施工方便。

目前国内外热风炉拱顶的形式多种多样。内燃式热风炉拱顶有半球形、锥形、抛物线形和悬链线形。一般为半球形,见图 3-17a;改造内燃式热风炉的拱顶一般为锥形拱顶、悬链线形蘑菇顶。传统内燃式热风炉拱顶底部第一层砖为拱脚砖,拱顶荷重通过拱脚正压在大墙上,它可使炉壳免受侧向推力作用,以保持结构的稳定性。随着高风温热风炉的发展,为了改善热风炉上部与拱顶的绝热,鉴于拱顶压在大墙上,大墙受热膨胀受压,易于损坏,故将拱顶与大墙分开,由环形梁支撑,由此扩大了炉壳直径,形成了蘑菇形拱顶,俗称"大帽子"如图 3-17b 所示。

对内燃式热风炉拱顶的受力分析后得知,半球形拱顶的稳定性最差,而采用抛物线形拱顶和悬链线形拱顶较合理,悬链线形拱顶的气流分布也较均匀。

拱顶内衬的耐火材质,决定了炉顶温度的水平。拱顶为高铝砖,在拱顶砖的上面有一层硅藻土砖为绝热层;拱顶是温度最高区域,为了减小热损失,可在硅藻土砖与高铝砖之间加砌一层轻质黏土砖或轻质高铝砖以加强绝热;砌体和炉壳之间,通常留有 300～500 mm 的膨胀缝,但外燃式和改造后的内燃式热风炉由于拱顶坐落在箱梁上,热风炉不留膨胀缝,只设 40～50 mm 的陶瓷纤维绝热层。

外燃式热风炉的顶部的连接方式有四种,见图 3-12。

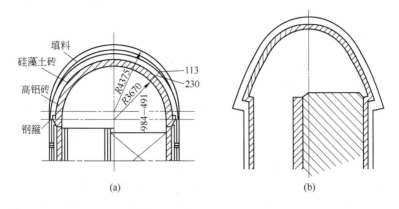

图 3-17 热风炉拱顶结构图

(a) 半球形拱顶;(b) 蘑菇形拱顶

地得式热风炉是将两个不等径的,近四分之一球顶直接相连,中间则为半截圆锥体,它是有倾斜通道的扩散形共用拱顶,如本钢 5 号高炉热风炉。

科珀式热风炉的燃烧室和蓄热室均保持各自半径的半球形拱顶,两个球顶之间由配有膨胀补偿器的连接管连接。

马琴式热风炉的蓄热室顶部有锥形缩口,拱顶由两个半径相同的四分之一球顶和一个平底半圆柱体连接管组合而成,如鞍钢 6 号高炉热风炉。

新日铁式热风炉是综合了科珀式和马琴式的优点而出现的,其蓄热室顶部具有锥形缩口,拱顶由两个半径相同的二分之一球顶和一个圆柱体连接管组成,连接管上设有膨胀补偿器,如宝钢的两座高炉的热风炉。

3.2.2.5 燃烧室

煤气燃烧的空间称燃烧室,又称火井。

内燃式热风炉的燃烧室位于炉内一侧,其断面形状有圆形、眼睛形和苹果形(复合形)三种,如图 3-18 所示。

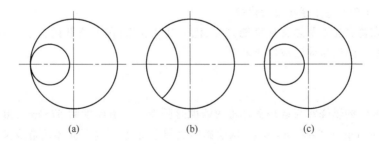

图 3-18 燃烧室断面形状

(a) 圆形;(b) 眼睛形;(c) 苹果形

圆形隔墙为独立结构,较稳定,煤气燃烧较好,但占地面积大,且蓄热室死角较大。目前除外燃式外,新建内燃式热风炉不再采用。

眼睛形占地面积小,相对蓄热室面积较大,烟气流经蓄热室分布较均匀,但燃烧室当量直径小,烟气流阻力大,对燃烧不利,且隔墙与大墙咬砌,此处易开裂,故多用于小高炉。大多数厂热风炉大修之后已淘汰了这种结构。

苹果形或称复合形,兼有上述两种优点,设计上采用较多,但砌筑复杂,多用在大中型高炉。

燃烧室所需横断面积、空间大小与燃烧器形式有关。如使用煤气与空气边混合边燃烧的金属套筒式燃烧器,就要求有较大的燃烧空间。以保证烟气在燃烧室和蓄热室有合适的流速,否则将降低热效率,或引起燃烧振动,损坏隔墙。反之,用短焰或无焰型的陶瓷燃烧器,则可减少燃烧空间。

圆形或复合形燃烧室与大墙间留有 10 mm 的缝隙,填充以黏土泥料或草袋。燃烧室两侧死角墙的夹角部分填充黏土泥料;为防止死角墙倒塌,燃烧室砌墙时每隔 1.5～2 m 可各探出一块带砖,咬住死角墙。砌眼睛形燃烧室时,燃烧室的内墙连接处应分层咬砌。

外燃式热风炉的燃烧室位于蓄热室之外,其断面形状为圆形。两室顶部以一定的方式连接。顶燃式热风炉在拱顶燃烧,不设专门的燃烧室。

3.2.2.6　蓄热室

蓄热室是进行热交换的主要场所,是砌满格子砖的格子房,砖的表面就是蓄热室的加热面,格子砖块就是储藏热量的介质,所以蓄热室的工作既要求传热快又要求蓄热多,还要具有尽可能高的温度水平。

蓄热室的蓄热能力、风温水平和传热效率取决于格孔大小、形状、砌砖数量和材质等。对格子砖砖型的要求是:

(1) 单位体积格子砖具有最大的受热面积;

(2) 有和受热面积相适应的砖量来蓄热,保证在一定的送风周期内,不致引起过大的风温波动;

(3) 为提高对流传热速度,应尽可能地引起气流扰动,保持较高流速;

(4) 有足够的建筑稳定性;

(5) 便于加工制造、砌筑及维护,且成本低。

格子砖型有板状和整体穿孔两种。其格孔形状有圆形、三角形、方形、矩形和六角形。格子砖表面也有平板状或波浪状。通常蓄热时用不同孔形的格子砖砌成若干段。现代高温热风炉尺寸加大,板状砖逐渐被整体穿孔砖所代替。

矩形格孔在蓄热能力及热交换性能方面,优于其他孔型;圆形格孔的格子砖有强度高的优点,结构上的稳定性好,目前已被广泛采用。

3.2.2.7　隔墙

内燃式热风炉的燃烧室与蓄热室之间的墙就是隔墙。一般厚度为 575 mm,由内、外两环砖组成,内环厚 230 mm,外环厚 345 mm。两层砌砖之间不咬缝,以免受热不均造成破坏,也便于检修时更换。隔墙与拱顶要留有 200～250 mm 的膨胀缝,为了使气流分布均匀,隔墙要比蓄热室格子砖高出 400～700 mm。

传统内燃式热风炉的隔墙易烧穿、短路。在改造内燃式热风炉上,为了减少隔墙两侧温差大的问题,在绝热层靠蓄热室侧,加了大半圆周合金钢板,厚度为 4 mm,材质为不锈钢 1Cr18Ni9Ti,高 7 m;下面 5 m 为普通钢板,共 12 m;其目的是为了防止短路,加强密封,使用效果较好。

外燃式热风炉和顶燃式热风炉取消了隔墙。

3.2.2.8　炉箅子和支柱

热风炉是通过炉箅子支撑在支柱上,并将荷载传给炉基。当废气温度不超过350℃,短期不超过400℃时,炉箅子和支柱可用普通铸铁制作;当废气温度较高时,材质可考虑用耐热铸铁,或高硅耐热球墨铸铁。

支柱和炉箅子结构应与格孔相适应,故支柱做成空心的,以防堵塞格孔;支柱高度要满足安装烟道和冷风管道的净空需要,并保证气流通畅;炉箅子的块数与支柱数目相同;炉箅子的最大外形尺寸,应使其能够从烟道口进出自如,其结构如图3-19所示。

3.2.2.9　烟囱

烟囱是用来排放热风炉高温废气的设备之一。目前排烟方法有两种:一种是用引风机或喷射器强制排烟;另一种是用烟囱自然排烟。

烟囱排烟的优点是:工作可靠,不易发生故障;不消耗动力;能把烟气送到高空,减轻对周围空气的污染;不需要经常检修。目前热风炉均用烟囱排烟,只有当排烟系统阻力过大,或废气温度较低时,才用引风机强制排烟,而且多与烟囱同时使用。

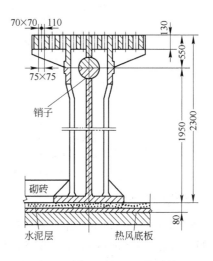

图 3-19　热风炉的炉箅子和支柱

不同热风炉的烟囱尺寸见表3-5,两座相邻高炉的热风炉组可共用一个烟囱。

表 3-5　不同热风炉的烟囱尺寸

有效容积/m³	高度/m	上口直径/m	下口直径/m
255	45	2.5	
620	55	2.5	3.64
939	78	3.2	4.225
1036	75	2.5	4.34
2025	80	3.49	4.303

3.2.2.10　人孔

人孔为检查、清灰、修理而设。对于大中型高炉热风炉,在拱顶部分蓄热室上方设两个人孔,布置呈120°角,以供检查格子砖、格孔。在蓄热室下方也设两个人孔,用于清灰工作。燃烧室下部设有一个人孔,便于清理燃烧室。

3.2.3　热风炉的附属设备

3.2.3.1　热风炉的管道和阀门

热风炉是高压、高温设备,所用燃料为易燃、易爆、有毒气体。因此,热风炉的管道与阀门必须有良好的密封性,工作可靠性,能够承受高温及高压;设备结构应尽量简单,便于检修,方便操作;阀门的启闭、传动装置均应设有手动操作机构,启闭速度应能满足工艺的要求。热风炉的管道、阀门等设备的配置情况见图3-20所示。

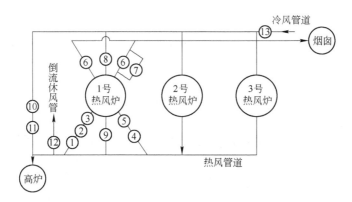

图 3-20　热风炉平面布置示意图

1—煤气调节阀;2—煤气阀;3—煤气燃烧阀;4—助燃风机;5—空气阀;
6—烟道阀;7—废气阀;8—冷风阀;9—热风阀;10—冷风大闸;
11—冷风温度调节阀;12—倒流阀;13—放风阀

A　管道

热风炉系统设有冷风管道、热风管道、混风管道、燃烧用净高炉煤气管道、焦炉煤气管道、助燃空气管道(指集中鼓风的热风炉)、主烟道管道(指高架烟道的热风炉)、倒流休风管道、废气管道等。

管道直径根据气体在管内的流量和合适的流速确定,计算公式如下:

$$d = \sqrt{\frac{4v}{\pi w}} \qquad (3\text{-}2)$$

式中　d——圆形管道内径,m;

　　　v——气体在实际状态下的体积流量,m^3/s;

　　　w——气体在实际状态下的流速,m/s。

(1)冷风管道:冷风管应保证密封,常用 4~12 mm 钢板焊接而成;在冬季冷风温度为 70~80℃,夏季常超出 100℃甚至高达 150℃;为了消除热应力的影响,在冷风管道上要设置伸缩圈,风管的支柱要远离伸缩圈,而支柱上的管托与风管间制成活结,以便冷风管能伸缩自如。

(2)热风管道:热风管道由约 10 mm 厚的普通钢板焊成;要求管道的密封性好,热损失少。热风管道通常用标准砖砌筑;最外层垫石棉板以加强绝热,内层砌黏土砖或高铝砖,中间隔热层砌轻质黏土砖或硅藻土砖。近些年,大中型高炉还在热风管道内表面喷涂不定形耐火材料。

耐火砖应错缝砌筑,砖缝不大于 1.5 mm。每隔 3~4 m 留 20~30 mm 的膨胀缝,缝内填塞石棉绳,内外两圈的膨胀缝位置要相互错开两块砖的长度,并避开叉口与人孔的砌体。热风管与支柱间采用活动连接,允许管子自由伸缩。

(3)混风管:混风管为稳定热风温度而设,根据热风炉的出口温度而掺入一定量的冷风,使热风温度稍有降低。如果采用一座炉为主送风,一座炉为副送风。这种双炉并联送风方式,高低风温互相配合使用,可取消混风管道。

(4)净煤气管道:净煤气管道应有 0.5%的排水坡度,并在进入支管前设置排水装置。

(5)倒流休风管道:倒流休风管实际上是安装在热风总管上的烟囱,是直径为 1 m 左右的圆筒,可用 10 mm 厚的钢板焊成。由于倒流气体温度很高,下部应砌一段耐火砖,并安装有水冷阀门与热风阀门,倒流休风时才打开。

B 阀门

热风炉用的阀门应该坚固结实,能承受一定的高温,保证高压下密封性好,漏气减少到最小程度,开关灵活使用方便,结构简单易于检修和操作。

热风炉系统主要阀门有热风阀、冷风阀、冷风小门、煤气阀、燃烧阀、煤气调节阀、空气阀、空气调节阀、煤气放散阀、烟道阀、废气阀、冷风闸、混风调节阀、倒流休风阀等。

(1)阀门类型:根据热风炉周期性工作的特点,热风炉用的阀门可分为控制燃烧系统的阀门和控制送风系统的阀门。

控制燃烧系统的阀门是将空气及煤气送入热风炉燃烧,并把燃烧产生的废气排出热风炉,起调节煤气和助燃空气的流量,调节燃烧温度等作用。当热风炉送风时,燃烧系统的阀门又把煤气管道、空气风机及烟道与热风炉隔开,以保证设备的安全。主要有燃烧器煤气调节阀、煤气切断阀、烟道阀等。

送风系统的阀门是将鼓风机的冷风送入热风炉,并把热风送到高炉;有的阀门还起着调节热风温度的作用。该系统的阀门主要有放风阀、混风阀、冷风阀、热风阀、废气阀等。

热风炉用的阀门按构造形式可分为三类(如图 3-21):

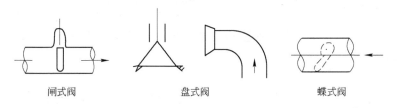

闸式阀　　　　　盘式阀　　　　　蝶式阀

图 3-21　阀门的基本类型

1)蝶式阀:中间有轴,轴上有翻板也称蝶板,可以自由旋转翻动;通过转角的大小来调节流量。蝶式阀调节灵活、准确,但密封性差;由于翻板就在气流中,气流会产生涡漩,故阻力最大,不能用于切断。通常空气调节阀、煤气调节阀、混风调节阀等是蝶式阀类;

2)盘式阀:阀盘开闭的方向与气流运动方向平行,构造比较简单;多用于切断含尘气体,密封性差,气流经过阀门时方向转 90°,阻力较大。通常放散阀、烟道阀等为盘式阀。

3)闸式阀:闸板开闭方向与气体流动方向垂直,构造较复杂,但密封性好。由于气流经过闸式阀门时气流方向不变,故阻力最小。适用于洁净气体的切断。通常热风阀、冷风阀、燃烧阀、煤气阀、烟道阀和废气阀等均为闸式阀。

阀门的驱动有手动、液压传动、电动、气动等。为了提高热风炉设备的利用率,缩短换炉时间,确保安全生产,减轻劳动强度,大中型高炉热风炉阀门普遍采用自动联锁操作。

(2)煤气调节阀:它安装在与燃烧器连接的煤气支管上,阀板为椭圆形,关闭时不必另设密封阀;转轴伸出阀外的部分,有转角位置指示针,还与驱动拉杆相连。热风炉在燃烧期,燃烧阀(又称燃烧闸板)与煤气阀(又称煤气闸板)全开后,打开调节阀,通过调节阀开度来调节煤气量;自动燃烧的热风炉,该阀由电气控制,可根据热风炉所需煤气量,进行自动调节,如图 3-22 所示。

(3)空气调节阀:它安设在与燃烧器连接的助燃空气管道支管上,用于调节热风炉燃烧所需的助燃空气量。

(4)混风调节阀:它安装在冷风管道与热风管道的连接管上。一般与一台隔断阀(又叫冷风大闸)配套使用,用来调节风温。混风调节阀一般为蝶式阀。

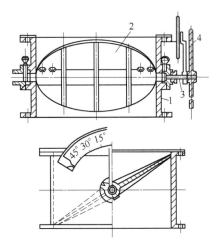

图 3-22　煤气调节阀
1—外壳；2—阀板；3—轴；4—杠杆

（5）燃烧阀：又叫燃烧器大闸。带水冷的闸式阀，仅在套筒式燃烧器的高炉上使用，将煤气送入燃烧器，送风时切断煤气管道和热风炉的联系。

（6）烟道阀：热风炉在燃烧期，打开阀门，将废气排入烟道；送风时，关闭烟道阀，以切断热风炉与烟道的通路。其结构如图 3-23 所示。大中型高炉，每座热风炉安装两个烟道阀，以使格子砖断面上气流分布均匀；且可在废气量很大时，烟道阀和开孔的直径不致过大，以保证炉壳强度，便于制造和操作。烟道阀一般用盘式阀。这种阀构造简单，密封性尚可，但当废气温度高于 400℃ 以上时，虽有水冷设施仍难免变形漏风。也可用闸式阀，工作更可靠，寿命也较长。小高炉也有用钟罩阀的。

（7）放风阀：放风阀是在鼓风机运转的情况下，减少或完全停止向高炉供风而设的。正常送风时，全风送入高炉。放风时，将风全部转放进入大气。为了减少放风时的噪声，可将风排至烟道，或安装消声器。放风阀安装在从鼓风机来的冷风管道上，其结构如图 3-24 所示。

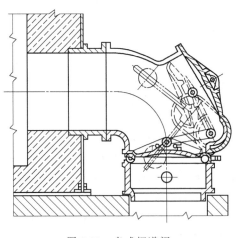

图 3-23　盘式烟道阀

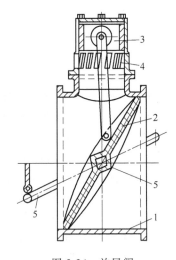

图 3-24　放风阀
1—外壳；2—蝶式阀；3—活塞；
4—放风孔；5—开闭用的杠杆

（8）混风阀：混风阀由调节阀和隔断阀组成，装于混风管与热风总管相接处。它的作用是向热风总管内送入一定量的冷风，以保持热风温度稳定不变；调节阀是为调节掺入的冷风量；隔断阀是防止冷风管道内风压降低时，热风或高炉煤气进入冷风管道；当休风时，在切断热风之前关闭隔断阀，以防煤气倒流进入冷风管道，造成严重的爆炸事故，所以又叫混风保护阀。

混风调节阀为蝶式阀结构，它可手动调节，也可借调节器和电动执行机构来自动调节。混风隔断阀是闸式阀。

（9）废气阀：当高炉需要紧急放风，但放风阀失灵或炉台上无法进行放风操作时，可通过废气阀进行放风。当热风炉从送风期转为燃烧期时,炉内充满高压风,而烟道阀阀盘的下面却是负压,此时烟道阀阀盘上下压差很大,必须用另一小阀将高压废气旁通引入烟道,降低炉内压力。废气的温度虽然很高,但由于作用时间短,故不需冷却。

(10) 冷风阀:设在冷风管上的切断阀,是冷风进入热风炉的闸门。当热风炉送风时,打开冷风阀,鼓风机的冷风送入热风炉;当热风炉燃烧时,关闭冷风阀,切断冷风,使热风炉与冷风隔开。冷风阀也称闸式阀,其结构如图 3-25 所示。

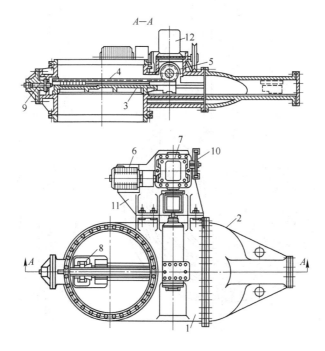

图 3-25 冷风阀结构示意图

1—阀壳;2—阀盖;3—闸板;4—齿条连杆;5—小齿轮;6—电动机;7—减速器;
8—小通风闸板;9—弹簧缓冲器;10—链轮;11—底座;12—主令控制器

(11) 热风阀:热风阀是一个闸式阀,它安装在热风出口与热风主管之间的短管上;当热风炉处于燃烧期时,它隔断热风炉和热风管道;热风炉送风时打开热风阀阀门。

热风阀处于高温下工作,所以必须进行冷却。一般为水冷,也有用汽化冷却的。过去的热风阀全部为金属结构,其结构如图 3-26。现改进为带有耐火材料内衬的新型高风温热风阀,如图 3-27 所示。新型高风温热风阀砌有耐火材料内衬,使热风与阀体隔开,阀体温度降低,变形相应减小,漏风也少,使用寿命长。另外,耐火材料隔热,减少了风温损失。德国蒂森公司开发的热风阀,由水冷改成风冷。冷风由冷风管道分流加压后进热风阀,然后再回到热风炉,热风阀散出的热量被冷风回收,热量得到充分利用。

(12) 倒流阀:它是水冷热风阀,也叫倒流休风阀,简称倒流阀。它安装在倒流休风管前,平时关闭,休风时打开。

倒流休风管实际上是设在热风主管道上的烟囱。其外壳一般用 10 mm 厚的钢板焊制而成,因为倒流气体的温度很高,所以下部砌有耐火衬砖。倒流时,打开倒流阀,煤气经热风围管、热风主管,经倒流休风管放散掉。其优点是结构简单,操作方便,倒流时间不受限制,对热风炉没有任何影响。但倒流管上下部没有温差,抽力小;倒流放散的残余煤气污染大气,还容易使人中毒;倒流温度过高时,可能将倒流管烧红,甚至损坏。

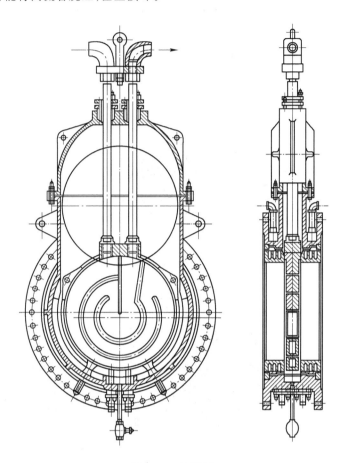

图 3-26　热风阀

3.2.3.2　热风炉的监测仪表

热风炉自动化包括 1)自动换炉;2)自动燃烧;3)风温调节;4)煤气热值自动调节;5)交叉并联自动控制;6)热风炉系统所有温度、压力、流量的检测、处理、打印、报表及报警。

生产过程中,计算机控制系统、电气传动控制系统和仪表检测系统通常被称为"三电"。"三电"系统是现代化大型冶金设备不可缺少的重要组成部分。

热风炉热工仪表自动检测,按其检测对象分为:

(1) 温度检测:炉顶温度、废气温度、热风温度、煤气温度、助燃空气温度的检测等;

(2) 压力检测:煤气压力、助燃空气压力、冷风压力、冷却水压力的检测等;

(3) 流量检测:煤气流量、助燃空气流量、冷风流量的检测等。热介质的流量计量有待进一步研究开发。

其他还有液位检测,如余热锅炉的液位及汽化冷却的液面检测等。

测温多采用热电偶。热电偶测温系统由三部分组成,如图 3-28 所示,即热电偶、连接导线、显示仪表等。

热电偶的工作原理:两根不同的导体或半导体,称为热电极;将两热电极的一端连接在一起形成热端,另一端为冷端,通过导线与电子电位差计相接组成封闭的回路。热端加热,由于金属

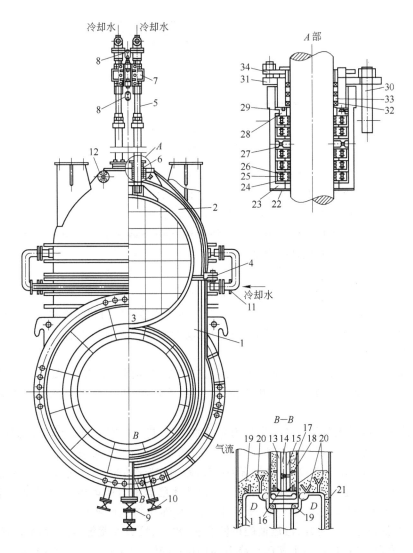

图 3-27 新型热风阀

1—阀体;2—阀盖;3—阀板;4—垫片;5—阀杆;6—密封装置;7—固定横梁;8—链板;

9—排水阀;10,11—冷却水入口;12—冷却水出口;13,15—钢阀板;14—隔板;

16—水圈;17,19—不定形耐火材料;18,20—锚固件;21—膨胀缝垫片;

22—密封圈;23—密封盒;24—环状圈;25—迷宫环;26—弹簧圈;27—油环;

28—附加环;29—"O"形密封圈;30—双头螺栓;31—密封盖填料盒;

32—石棉填料;33—聚四氟乙烯填料;34—填料盖

不同,其自由电子数目也不同;受热后,随温度的升高自由电子的运动速度上升,而冷端仍然为常温,在此线路中将产生热电势,仪表就显示出热电势的多少;温度越高,热电极两端的温差也越大,热电势也越高,通过仪表所显示的热电势的数值就可判定温度的高低。将冷端分开接入第三种材料的导线时,其电势不发生变化,所以当热电极的材料确定之后,热电势的大小只与冷、热端的温度差有关,与导线的长短、粗细无关。电位差计显示的为电势单位毫伏读数,根据不同材料的热电关系将电信号转换成温度示数。

常用的热电偶主要有以下几种:

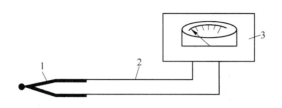

图 3-28　热电偶测温原理
1—热电偶;2—连接导线;3—显示仪表

　　(1) 铂铑—铂,代号 LB,主要用来测量 800~1600℃ 的温度。

　　(2) 镍铬—镍硅,代号 EU,测量 1000~1300℃ 以下的温度。

　　(3) 镍铬—考铜,代号 EA,测量 600~800℃ 以下的温度。

　　(4) 铂铑—铂铑,代号 LL,是两种成分不同的铂铑合金做成的一种新型热电偶,可测高达 1800℃ 的温度,一般也称为双铂铑热电偶。

3.2.3.3　热风炉的液压设备

　　热风炉的日常操作手段是通过按工艺要求开关和调节各部位的阀门来实现的。热风炉的液压设备,就是操纵(或控制)这些阀门开关(往复)运动的装置。它的主要的工作原理是以液体油的压力能来传递动力。

　　组成热风炉液压系统的主要元部件为:油箱、柱塞泵、单向阀、滤油器、蓄能器、氮气瓶、溢流阀、常闭式二位二通阀、三位四通换向阀、截流阀、液控单向阀、油缸、工作台以及与之配套的输油管和阀门等。

　　热风炉液压系统是液压传动技术中较为简单的一种,其工作原理和所有的元部件并不复杂,生产运行的要求也是最基本的,只要注意以下四点,就可以基本保证系统的正常工作。

　　(1) 正确选择和使用油液:液压油为石油基油液。油液流动时,液体分子间的内聚力作用使油层间产生内摩擦力,阻止油层间相对滑动。这种液体层的不匀速运动,称为黏度。黏度大,内摩擦力就大,油液就"稠",反之油液就"稀"。而且这种性质随温度变化而变化。在选择液压油时,黏度是主要依据之一。另外,液压油的机械杂质、水分、酸碱性质等,都会影响液压系统的工作性能和设备寿命。所以,在一个液压系统中,油种的选择必须兼顾工艺、设备和寿命几个方面。一旦定下来的油种,就不要经常变化。

　　在选择液压油时,除了稳定油种之外,还要绝对防止油液进入杂质、灰尘,保持清洁;防止进水,保持不乳化;建立定期更换滤器、定期用过滤车循环过滤和定期化验检查的制度。发现油质不合格,又没有办法挽救,就必须换油。

　　在冬夏季节变化时,为克服油液随环境产生的温度变化,在设备和工艺允许的条件下,可以对油种进行相应的更换。以利于系统处于良好的工作状态。

　　(2) 正确使用油箱:油箱除用于贮油外,还有使油液散热、给油液加温、澄清油液、分离出油中空气的作用。油箱的有效容积,除按散热量计算确定之外,还应当有足够的空间,在检查蓄能器时,容纳从蓄能器释放出的油量。底部放油口用于排除油箱内的脏物。

　　油箱的正确使用应包括:保持正常的油位,保持合理的油液温度(一般不超过 60℃),定期检查排放脏物,定期检查蓄能器贮油量,及时更换滤网,防止灰尘和杂物进入油箱等六个方面。

　　(3) 合理控制系统使用压力:热风炉液压系统的使用压力是根据液压元部件承受能力、热风炉工艺需要(比如蓄能器的贮油要求)和传动阀门设备所需要的力来决定的。过低或过高均不能满足生产工艺和设备维护的需要,甚至会对生产和设备造成破坏。

合理控制系统使用压力应包括:按规定范围使用油压,不随意改变(调低或调高)油压;定期检查验证溢流阀的工作情况,保证系统保护元部件完好;在特殊情况下必须以提高油压来处理设备故障时,油压不允许超过液压系统的最高故障报警压力。

(4) 防止和及时处理漏油:漏油是液压传动设备的主要缺点之一,它包括两方面的内容:首先是外漏,其次是内漏。这两种现象均会给生产带来十分不利的后果。

引起外漏的原因主要是:不正当的(如超压运行)使用,密封元件老化,输油管路老化,系统内油液中气体过多、压力冲击频繁,油液选择不当(或由于环境温度变化而发生黏度下降)等。这种漏油现象较为明显,解决的方法是注重管理,及时发现,及时处理。

引起内漏的原因:主要是液压系统执行元件(油缸等)和操作、控制元件(各种液压阀)的机械磨损;内部密封元件的磨损和老化引起的。

当然,液压油的杂质过多,油内混进水分造成乳化都是造成液压元件内漏的催化因素。因此,对油液的管理是合理使用液压设备最重要的工作之一。

内漏不易检查和发现,它通常是通过执行元件(油缸)的不正常工作现象(或故障)进行分析,根据分析结果,及时进行元件更换。

例如:热风炉的工艺阀门发生溜阀,就要首先分析是什么原因。如果是关闭油缸前后两个油阀门,仍有溜阀现象,这说明内漏发生在油缸活塞上。处理方法是更换活塞胶圈或者更换油缸。如果关闭阀门后,溜阀现象消失,则是因为单向阀内漏引起的,处理方法是更换这些操纵控制元件或者对其进行清洗。

再如:系统压力保持不住,油泵频繁启动。发生这些现象时,要对蓄能器工作情况进行检查,看是否有氮气泄漏。方法是将蓄能器内储存油放回油箱,之后检查氮气压力,如果不足应及时补充,然后再将蓄能器投入运行。补充氮气后,还要连续观察油压运行状况,如果重复发生以前的情况,就要考虑蓄能器内活塞是否密封不严而上下串气,然后对蓄能器进行检修。

当整个液压系统的设备使用到一定年限后,内漏现象较为频繁,就要考虑对系统进行中大修。

3.2.3.4 余热回收及换热器

A 余热回收

热风炉烟气余热回收是将换热器安装在热风炉烟道上,用来预热煤气和助燃空气,如首钢 4 号高炉煤气发热值只有 2985 kJ,热风炉拱顶温度只能达到 1160℃,风温只有 1020℃,利用热风炉烟气余热将助燃空气和煤气预热到 120～140℃,风温达到 1090℃,热风炉总效率从 76.72% 提高到 77.98%,效果显著。烟气余热可供煤粉烘干等。

B 换热器

a 热管及热管换热器

热管是进行热交换的热力系统,主要由管壳、吸液芯、工作液体三部分组成。

管壳一般为金属管,大多使用光管或附有翅片的管子;附有翅片的管子可以增大换热面积。吸液芯由具有毛细管结构的金属丝网、金属纤维或烧结金属等材料制成,其紧贴附着于管壳内壁;也有将管壳与吸液芯做成一体的,如槽道型吸液芯,但重力式热管没有吸液芯。工作液体,又称工作介质,是反复进行蒸发和冷凝以移送热量的流体。

把吸液芯紧贴于管内壁,并把管内抽成高度真空后,封入工作液体,就成了一个单体热管。管内真空度越高,性能越好,此时工作液体越易蒸发、传输热量,并凝结放热。

热管换热器是由多根热管组成的热管束。

（1）热管工作原理：如图 3-29 所示，在热管的蒸发段，管芯内的工作液体受热蒸发，带走热量，这部分热量即为工作液体的蒸发潜热；蒸汽沿中心通道流向热管的冷凝段，凝结成液体，同时放出潜热，又在毛细力的作用下，液体回流到蒸发段，从而完成了一个闭合循环。热量从加热段传递到散热段。

当加热段在下，冷却段在上，热管呈竖直放置时，工作液体靠重力回流，无需毛细结构的管芯，这种没有多孔体管芯的热管称为热虹吸管。热虹吸管结构简单，工程上应用广泛。

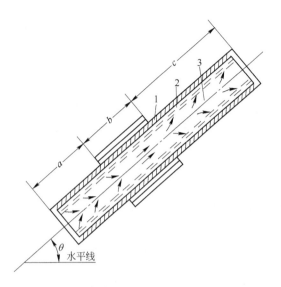

图 3-29　热管原理示意图

a—蒸发段；b—传输段；c—冷凝段

1—外壳；2—吸液芯；3—蒸汽空间

（2）特点：热管及热管换热器作为一种新的节能设备，具有如下优点：

1）传热系数高；

2）传热温差大。可实现冷、热流体的纯逆向流动；

3）结构紧凑，金属消耗量少，占地面积小，无运动部件，操作可靠；

4）传热元件具有单根可拆换性；

5）具有较高的抗露点腐蚀能力；

6）冷、热流体进行管外换热，便于清理和维护。

b　分离式热管换热器

分离式热管换热器是由热管换热器演变的一种新型换热设备，由若干根高频翅片管组焊成彼此独立的热管束组成。冷、热端相对应的各片管束通过蒸汽导管和回流导管连接，构成各自独立的封闭管路系统，可分别设置在热风炉的烟道、煤气管道和助燃空气管道上。当热风炉排出的烟气通过烟气换热器时，其管内的工作介质吸收了烟气的余热后汽化，产生的工作蒸汽汇集到烟气换热器的上部，经蒸汽导管分别送到空气和煤气换热器，蒸汽冷凝放出的潜热将管外流体（空气或煤气）加热。冷凝后的工作液体汇集在该换热器的下部，在位差作用下通过回流导管流回烟气换热器继续蒸发。这样反复循环进行，完成热量由热端到冷端的输送。

3.2.4　燃烧系统设备

燃烧器又称烧嘴，是将煤气和空气混合并送进热风炉燃烧室进行燃烧的设备。

燃烧器应有足够的燃烧能力（燃烧率），即保证单位时间内送进、混合、燃烧所需要的煤气量和助燃空气量，并排出生成的烟气，不致造成过大的压力损失。另外还应有足够的调节范围，保证过剩空气系数在 $1.05 \sim 1.50$ 范围内。

煤气和空气在燃烧器内应避免燃烧和回火，而在燃烧器外应保证迅速而均匀地混合，完全而稳定地燃烧。

燃烧器的种类很多，有焰燃烧器用于内燃式和外燃式热风炉，短焰或无焰燃烧器用于顶燃式热风炉。

目前,热风炉主要采用套筒式金属燃烧器和陶瓷燃烧器。

3.2.4.1 套筒式金属燃烧器

套筒式金属燃烧器的构造见图 3-30。它由外套筒、内管、进风调节阀门和操作阀门的执行机构组成。外套筒是带有煤气连接管的外壳,内管是助燃风机。燃烧时,煤气自上而下通过煤气调节阀、煤气隔断阀,进入燃烧器套筒的外圈。助燃空气由风机供给,通过可旋转的阀门调节,进入燃烧器的套筒中心。

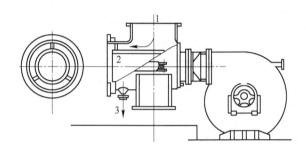

图 3-30 套筒式金属燃烧器
1—煤气;2—空气;3—冷凝水

套筒式燃烧器的优点是结构简单,使用时煤气压力小,对煤气含尘量要求不严格,煤气与助燃空气混合比的调节范围大,且不易产生回火现象。

套筒式燃烧器的缺点:一是煤气和助燃空气混合不好,燃烧不稳定,火焰会跳动,产生脉动燃烧,使炉体结构振动,振动过大会危及结构的稳定性;二是从燃烧器出来的火焰和混合气体与燃烧器轴向垂直,火焰直接在隔墙上燃烧、冲刷,在燃烧室内产生较大的温度差,会加剧隔墙的损坏。因此金属套筒式燃烧器不适应高风温热风炉的发展,目前国内外高风温热风炉均采用陶瓷燃烧器来取代套筒式金属燃烧器。

3.2.4.2 陶瓷燃烧器

用耐火材料砌筑的燃烧器称为陶瓷燃烧器,安装在燃烧室的下部,其轴向与燃烧室一致。

陶瓷燃烧器由耐火砖和耐热混凝土等材料砌筑而成,抗热震性好,适应周期性工作的特点。当隔墙断裂时,可避免漏气、回火和爆炸。一般上部要求耐火度高,用高铝砖或莫来石砖砌筑;下部的体积稳定性要好,用硅线石砖或黏土砖砌筑,也有用磷酸盐耐热混凝土预制块的。

目前国内外使用的陶瓷燃烧器有以下两种:

(1)栅格式陶瓷燃烧器:如图3-31所示,它是由一道道的砖壁

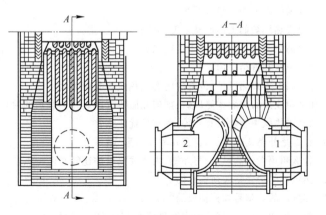

图 3-31 栅格式陶瓷燃烧器
1—煤气通道;2—空气通道

将整个燃烧器分割成一条条长方形通道,煤气和助燃空气被这些通道分成许多细小流股,在燃烧器前端的栅格处混合,在上部的耐火砖表面着火燃烧,形成几个甚至上百个小的燃烧器。

栅格式陶瓷燃烧器气流混合均匀,火焰较短,燃烧能力强。但其结构复杂,砖型多。因此,大型外燃式热风炉几乎都采用栅格式陶瓷燃烧器。

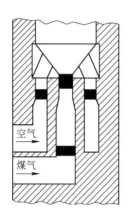

图 3-32　套筒式陶瓷燃烧器

　　(2)套筒式陶瓷燃烧器:如图 3-32 所示,它是由两个同心圆竖筒套在一起组成的,通常煤气走中心,空气走环缝。外围庞大的空气流变成环式小流股,而中心煤气流则是柱式低速粗流股,是通过煤气和空气其流股的交角和速度差进行混合的。特别是经粗流细割后的细小空气流股对煤气流的交叉穿透,强化了空气和煤气的混合。混合物在空气分配帽的顶盆内燃烧时,火焰是稳定的。

套筒式陶瓷燃烧器结构简单,广泛用于外燃式和内燃式热风炉。

3.2.4.3　助燃风机

热风炉的助燃风机通常选用离心式鼓风机。主要应考虑下列因素:

(1)燃料燃烧所需的助燃空气量,燃烧生成的烟气在整个流路系统中所需克服的阻力损失;

(2)工作制度,如四座热风炉按二烧二送;三座热风炉按一座半烧一座半送来考虑;

(3)工作周期中燃烧的不均匀性,以及采取强化燃烧等措施的可能性;

(4)风压风量应预留 15% ~30% 的富余能力;

(5)采用短焰或无焰燃烧器时,其助燃风机的风压更高一些。

复习思考题

1. 高炉对鼓风机有哪些要求?
2. 鼓风机的种类有哪些,为什么国内外都趋向于使用轴流式鼓风机?
3. 提高风机出力的途径有哪些?
4. 蓄热式热风炉的工作原理是怎样的?
5. 一座高炉为何要配备 3~4 座热风炉?
6. 热风炉有几种结构形式?
7. 什么叫内燃式热风炉,传统的内燃式热风炉有何弊病?
8. 什么叫改造的内燃式热风炉,如何克服传统内燃式热风炉的缺点?
9. 内燃式热风炉燃烧室有几种,各有何优缺点?
10. 什么是外燃式热风炉,它有几种布置形式?
11. 什么叫顶燃式热风炉,与外燃、内燃式热风炉比较有何特点?
12. 热风炉的炉壳是如何构成的?
13. 热风炉的炉基是如何构成的?
14. 热风炉的支柱、炉算子的作用是什么,应采用什么材质?
15. 什么叫热风炉炉壳晶间应力腐蚀?
16. 热风炉系统设有哪些管道?

17．热风炉系统的主要阀门有哪些,高炉生产对各阀门有何要求?

18．热风炉系统的阀门按工作原理可分为哪几类?

19．放风阀的作用是什么?

20．什么叫冷风阀,安装在热风炉哪些部位?

21．什么叫热风阀,新型高温热风阀有何特点?

22．什么叫燃烧器,热风炉所用的燃烧器分为几种?

23．陶瓷燃烧器相对金属燃烧器有何特点? 国内外使用的陶瓷燃烧器有哪几种?

24．什么是热管式换热器,它有何特点?

25．测温用的热电偶的工作原理是什么,常用哪些材料制作?

4 热风炉的燃料及燃烧计算

4.1 热风炉用煤气的种类及成分

4.1.1 燃料的种类

凡是在燃烧时能够放出大量的热,且该热量能经济而有效地用于工业或其他方面的物质称为燃料。

冶金生产用燃料应具有如下基本条件:

(1) 燃烧所放出的热量,必须满足生产工艺的要求;

(2) 燃烧过程容易控制与调节;

(3) 蕴藏量丰富,成本低,使用方便;

(4) 燃烧产物是气体,对人、动植物、厂房、环境、设备无害。

燃料可根据其物态或来源进行划分,燃料分类的具体情况见表 4-1。

表 4-1 燃料的分类

燃料的物态	燃料的来源	
	天 然 产 品	加 工 产 品
固体燃料	木柴、泥煤、褐煤、烟煤、无烟煤、油页岩等	木炭、焦炭、煤粉、煤砖等
液体燃料	石油	汽油、煤油、重油、煤焦油、合成燃料等
气体燃料	天然气	高炉煤气、焦炉煤气、转炉煤气、发生炉煤气、地下煤气等

与其他燃料相比,气体燃料具有以下优点:

(1) 煤气与空气能很好地混合,供给少量的过剩空气就可以完全燃烧,化学和物理热损失少;

(2) 煤气可以预热,从而能够大大提高燃料的燃烧温度;

(3) 燃烧装置简单,利于燃烧过程的自动调节和控制,满足工艺要求和热工制度;

(4) 输送简单方便,节省人力或动力消耗,大大减轻工人的劳动强度,改善劳动条件;

(5) 燃烧干净,有利于减轻对环境的污染;

(6) 便于联网,利于统一管理。

4.1.2 热风炉用煤气的成分

高炉热风炉用燃料为气体燃料,主要是高炉煤气、焦炉煤气和转炉煤气。

(1) 高炉煤气:是高炉冶炼过程中产生的,从高炉炉顶排出,经过净化系统净化后得到的煤气。其主要可燃成分是 CO ,还有少量的 H_2、CH_4 等,非可燃成分 N_2 含量最多,超过 50% 。

(2) 焦炉煤气:是炼焦过程中产生的煤气。其主要可燃成分是 H_2、CH_4 和 C_nH_m,含量较高,还有少量的 CO、O_2、N_2、CO_2 等。属高热值煤气,具有易燃性。

(3) 转炉煤气:是转炉在吹炼过程中生成的,从炉口喷出经净化后使用。其主要可燃成分是

CO,另外还含有一定的 O_2、CO_2、H_2 和 N_2 等。

一般热风炉以高炉煤气为主要燃料,由于高炉煤气发热值较低,为了获得高风温,可与焦炉煤气或转炉煤气混合使用。各种煤气的理化性能指标见表 4-2。

表 4-2 各种煤气的理化性能指标

煤气种类	成分(湿体积分数)/%								低发热值 /kJ·m^{-3}	煤气密度 /kg·m^{-3}	燃烧时空气过剩系数	烟气量 /m^3·m^{-3}	空气量 /m^3·m^{-3}
	CO	CO$_2$	H$_2$	CH$_4$	N$_2$	H$_2$O	O$_2$	C$_n$H$_m$					
高炉煤气	26.6	12.0	2.4	0.3	56.4	2.3			3276	1.29	1.1	1.66	0.8
											1.5	1.95	1.1
焦炉煤气	6.3	1.9	55.7	24.6	6.4	2.3	0.8	2.0	16873	0.48	1.1	5.3	4.6
											1.5	6.97	6.27
转炉煤气	56.3	18.5	1.4		19.2	4.2	0.4		7285	1.35	1.1	2.23	1.51
											1.5	2.78	2.78

4.1.3 热风炉对燃料的品质要求

(1)可燃成分要多,发热值要高:气体燃料是由多种气体成分混合而成的,其中可燃成分有 CO、H_2、CH_4 及其他碳氢化合物,不可燃成分有 CO_2、N_2 和水蒸气。气体燃料的发热值随其所含可燃成分的多少而异,波动于 3000~50000 kJ/m^3(标态)之间。

(2)煤气含尘量要低:煤气含尘量较高易堵塞热风炉格子砖的格孔,并使高铝砖渣化,影响风温水平和寿命的提高。热风炉用煤气的含尘量应小于 10 mg/m^3,现代高炉已经做到小于 5 mg/m^3。

(3)煤气含水量要低:煤气中的水分包括机械水和饱和水。含水量会影响煤气发热值和理论燃烧温度,对热风炉的寿命也有影响。饱和水在 10% 以内,水分每增加 1%,理论燃烧温度降低 8.5℃。饱和水与煤气温度有关,凡是降低煤气温度的措施,都可降低饱和水的含量,但有一定的难度。机械水可通过净化系统和热风炉附近煤气管道上的脱水器脱除,以减少机械水含量。

(4)净煤气压力要稳定:为保证热风炉烧炉时燃料的稳定燃烧和安全生产,热风炉净煤气支管的煤气压力要稳定,其要求见表 4-3。

各种煤气常压下有关技术参数见表 4-4。

表 4-3 热风炉净煤气支管处的煤气压力

高炉炉容/m^3	≥1000	620	255	50~100
煤气压力/kPa	≥5.884	≥4.903	≥3.432	≥2.942

表 4-4 各种煤气常压下有关技术参数

有关参数	可燃成分/% (大约含量)	品质标准	爆炸浓度极限 /%	发热值/kJ·m^{-3}	特 性
高炉煤气	CO:23~28 H$_2$:1~4	含尘量不大于 5 mg/m^3 湿分不大于 55 g/m^3 温度不高于 35℃	35~74	3349~4187	无色、无味、有剧毒、易燃、易爆

有关参数	可燃成分/% （大约含量）	品 质 标 准	爆炸浓度极限 /%	发热值/kJ·m⁻³	特　　　性
焦炉煤气	H_2:50～60 CH_4:22～26 CO:6～9 C_2H_2:1～3 C_nH_m:2～3	净化后送入管网	5.3～31.0	16329～17585	无色、有味、有 毒性、易燃、易爆
转炉煤气	CO:55～70 H_2:1～2	O_2 不大于 0.6% 含尘量不高于高炉煤气标准	18.22～83.22	4187～6699	无色、无味、有 剧毒、易燃、易爆

4.2　煤气发热值与燃烧的有关计算

4.2.1　基本概念

（1）着火点：是指煤气开始燃烧的温度，也称燃点。不同煤气的着火点是不一样的，见表 4-5。

表 4-5　各种煤气的着火点

种　类	高炉煤气	焦炉煤气	转炉煤气	发生炉煤气	天然气
着火点/℃	700	650	650～700	700	550

（2）过剩空气系数：为了保证燃料的完全燃烧，在实际生产条件下，都要供给比计算的理论空气量多一些的空气。实际供给的空气量与理论空气量的比值，称为过剩空气系数或空气系数，用 n 表示。由于煤气混合条件不同，n 值也不同，单一高炉煤气燃烧时，$n=1.05\sim1.10$。混合煤气燃烧时 $n=1.10\sim1.15$。

（3）煤气的发热值：单位体积的煤气完全燃烧，并冷却到参加反应时的起始温度时所放出的热量，称为煤气的发热值，又称热值或发热量，单位为 kJ/m³（1 kcal/m³ = 4.1868 kJ/m³）。

根据燃烧产物中水分存在的状态不同，发热量又分为低发热量和高发热量。

低发热量（$Q_{低}$）：单位体积的煤气完全燃烧后，燃烧产物中的水蒸气冷却至 20℃ 时所放出的热量。

高发热量（$Q_{高}$）：单位体积的煤气完全燃烧后，燃烧产物中的水蒸气冷凝成 0℃ 的液态水时所放出的热量。

实际上，燃烧产物的水蒸气不可能冷凝成液态水，所以标出的发热值都是低发热值。煤气低发热值的计算公式为：

$$Q_{低} = 126.44\varphi_{CO} + 108.02\varphi_{H_2} + 358.81\varphi_{CH_4} + 636.39\varphi_{C_2H_6} +$$
$$598.71\varphi_{C_2H_4} + 234.46\varphi_{H_2S} \tag{4-1}$$

式中　$Q_{低}$——煤气的低发热值，kJ/m³；

　　　　φ_{CO}、φ_{H_2}、φ_{CH_4}、$\varphi_{C_2H_6}$、$\varphi_{C_2H_4}$、φ_{H_2S}——湿煤气中相应成分的体积分数，%；

　　　　系数——126.44、108.02、358.81、636.39、598.71、234.46 分别为 1 m³ 煤气中各可燃成分为 1% 的发热值（标态），kJ/m³。

根据不同煤气中所含可燃的组分，将其体积百分含量代入公式（4-1），就可计算出煤气的低发热值。

（4）理论燃烧温度：燃料燃烧时，燃烧产物所能达到的温度就是燃烧温度。理论燃烧温度是指在燃料完全燃烧的条件下，燃烧生成的全部热量包括空气和煤气的物理热在内，都用于产物的升温，这时产物达到的最高温度称为燃料的理论燃烧温度，单位为 kJ/m^3。理论燃烧温度计算公式为：

$$T_{理} = \frac{Q_{低} + Q_g + Q_a - Q_{解}}{V_p C_p} \tag{4-2}$$

式中　$Q_{低}$——煤气的低位发热值，kJ/m^3；

$\quad\quad$ Q_g——煤气的物理热，kJ/m^3；

$\quad\quad$ Q_a——空气的物理热，kJ/m^3；

$\quad\quad$ $Q_{解}$——燃烧产物分解的吸热，kJ/m^3；

$\quad\quad$ V_p——燃烧产物体积量，m^3；

$\quad\quad$ C_p——燃烧产物的比热容，$kJ/(m^3 \cdot ℃)$。

实际上，燃烧温度与燃料的种类、成分、燃烧条件、传热情况等因素有关。燃料燃烧过程可能有些燃料并没有完全燃烧，放出的热量有部分散失于周围环境中，所以，热量不是全部用来加热燃烧产物，故实际燃烧产物所能达到的温度要比理论燃烧温度低。各种煤气理论燃烧温度的参考值见表4-6。

表 4-6　各种煤气理论燃烧温度

煤气种类	高炉煤气	焦炉煤气	发生炉煤气	天 然 气
理论燃烧温度/℃	1400	1880	1750	1980

（5）煤气消耗定额：是冶炼每吨生铁热风炉所消耗的煤气量，单位为 GJ/t。煤气消耗定额是热风炉烧炉能耗的重要指标，目前指标为 2.4～2.8 GJ/t。

4.2.2　干、湿煤气成分换算

在燃烧计算时，需要用煤气的湿成分作为计算的依据。气体燃料的组成是用所含各种气体的体积百分数来表示的，有干成分和湿成分之分。由于煤气中都含有水分，燃烧计算时就需要用煤气的湿成分。但有的厂化验室分析结果为干成分，因此，要将干煤气的成分换算为湿煤气成分。

气体燃料的湿成分是包括水蒸气在内的成分，各种成分（体积分数）的关系如下：

$$CO_{湿}\% + H_{2湿}\% + CH_{4湿}\% + \cdots + CO_{2湿}\% + N_{2湿}\% + O_{2湿}\% + H_2O_{湿}\% = 100\% \tag{4-3}$$

煤气的干成分中不包括水蒸气在内，各种成分（体积分数）的关系如下：

$$CO_{干}\% + H_{2干}\% + CH_{4干}\% + \cdots + CO_{2干}\% + N_{2干}\% + O_{2干}\% = 100\% \tag{4-4}$$

干、湿成分之间的换算关系式为：

$$X_{湿} = X_{干} \times (100 - H_2O_{湿})/100 \tag{4-5}$$

式中　$X_{湿}$——煤气的湿成分，%；

$\quad\quad$ $X_{干}$——煤气的干成分，%；

$\quad\quad$ $H_2O_{湿}$——湿煤气中水蒸气所占体积百分数，%。

若令　　　　　　　　　　　　　$K = (100 - H_2O_{湿})/100$

则　　　　　　　　　　　　　$X_{湿} = K X_{干}$ $\tag{4-6}$

式中，K 为湿煤气与干煤气的比例系数。

湿煤气中的水蒸气含量，一般等于该温度下的饱和水蒸气量，它因温度不同而异，不同温度下饱和水蒸气含量见表 4-7。

表 4-7　不同温度下饱和水蒸气含量

气体温度/℃	−25	−20	−15	−10	−5	0	5	10	15
$H_2O_{湿}$/%	0.026	0.101	0.163	0.256	0.365	0.602	0.86	1.21	1.63
气体温度/℃	20	25	30	35	40	45	50	75	100
$H_2O_{湿}$/%	2.3	3.13	5.18	5.55	7.26	9.45	12.18	36.7	100

为了计算准确,还应考虑高炉煤气中的机械水。鞍钢在燃烧计算中,对煤气中的饱和水和机械水进行统一折算,取煤气含水蒸气量 5%(相当于 40 g/m³ 煤气)。实践证明,这样计算比较方便,且结果接近实际。

4.2.3　煤气燃烧的有关计算

4.2.3.1　煤气的燃烧

煤气的燃烧过程一般都要经历三个阶段,即煤气与空气的混合、混合后可燃气体的活化和燃烧。

(1) 煤气与空气混合阶段,是煤气中的可燃成分与空气中的氧分子相接触的过程。混合的目的是为进行化学反应提供条件。在实际燃烧中,由于煤气与空气的混合条件不同,燃烧速度也不一样,因而火焰的形状和结构也有区别。

(2) 混合后可燃气体的活化阶段,是混合物从开始接触并发生化学反应起,温度逐渐升高达到开始剧烈反应(着火)之前的一段过程。这一过程可以靠外来热源加热达到着火点,也可以靠自身化学反应热的积累达到着火温度。实际上热风炉燃烧室内燃料的燃烧都是靠高温外来热源实现着火的。

(3) 燃烧阶段,是从着火开始到完成化学反应这一过程。在热风炉内的高温条件中,燃烧阶段是在瞬间完成的。

综上所述,可以认为煤气燃烧速度主要决定于煤气与空气的混合,以及混合后可燃气体加热的升温速度。因此,空气和煤气的预热对提高燃烧速度和煤气的完全燃烧都大有好处。

燃料中可燃成分的燃烧反应是:

$$CO + 1/2O_2 = CO_2$$

$$H_2 + 1/2O_2 = H_2O$$

$$C_nH_m + (n + m/4)O_2 = nCO_2 + m/2H_2O$$

$$H_2S + 3/2O_2 = H_2O + SO_2$$

4.2.3.2　空气需用量的计算

A　理论空气需用量的计算

在标准状况下(0.1 MPa,0℃),各种气体的 1 kg 摩尔体积均为 22.4 m³。故每 1 m³ 煤气完全燃烧的理论空气量(m³,标态)为:

$$L_0 = 4.76 \left[\frac{1}{2}CO + \frac{1}{2}H_2 + \sum \left(n + \frac{m}{4} \right) C_nH_m + \frac{3}{2}H_2S - O_2 \right] \times 0.01 \qquad (4\text{-}7)$$

式中　L_0——理论空气需用量,m³/m³;

4.76——空气的体积与其含氧量体积的倍数,即 $100\% / 21\% = 4.76$;

CO、H_2、C_nH_m、H_2S、O_2——相应成分在煤气中的体积百分含量。

已知煤气发热值的近似计算公式:

高炉煤气 $$L_0 = 0.85Q / 1000 \tag{4-8}$$

焦炉煤气 $$L_0 = \frac{1.075Q}{1000} - 0.25 \tag{4-9}$$

天然气 $$L_0 = \frac{1.105Q}{1000} - 0.05 \tag{4-10}$$

B 实际空气量的计算

为了保证燃料的充分燃烧,生产中实际空气量均大于理论空气量。实际空气量的计算式为:
$$L_n = nL_0 \tag{4-11}$$

式中 L_n——实际空气量;

n——过剩空气系数。

以上的计算都是按干空气计算的,但供给的空气都含有一定量的水分,因此在计算供风量时应考虑这部分水的体积。

4.2.3.3 燃烧产物量(也称废气量)的计算

完全燃烧时,按理论空气量计算出燃烧 $1\,m^3$ 煤气燃烧产物的理论数量(m^3,标态),根据燃烧化学反应式可得:

$$V_0 = \frac{1}{100}\left[CO + H_2 + \sum\left(n + \frac{m}{2}\right)C_nH_m + 2H_2S + CO_2 + N_2 + H_2O\right] + \frac{79}{100}L_0 \tag{4-12}$$

式中 V_0——理论燃烧产物量,m^3。

已知煤气发热值的近似计算公式:

$$V_0 = L_0 + \Delta V \tag{4-13}$$

高炉煤气 $\Delta V = 0.98 - 0.13Q / 1000$

焦炉煤气 $\Delta V = 1.08 - 0.1Q / 1000$

天然气 $\Delta V = 0.38 + 0.075Q / 1000$

燃料完全燃烧的理论燃烧产物量与燃料成分有关。燃料中的可燃成分含量越高,发热量越高,则理论燃烧产物量也越大。

实际燃烧产物量由于过剩空气系数($n > 1$)的影响,会大于理论燃烧产物量。因此,计算实际燃烧产物量要加上过剩的空气需要量。即:

$$V_n = V_0 + (n - 1)L_0 \tag{4-14}$$

式中 V_n——实际燃烧产物量,m^3。

4.2.3.4 理论燃烧温度的经验公式

计算理论燃烧温度需要列出热平衡方程式,较为复杂,故生产中常利用简单的经验公式来计算,但有一定的误差。

只使用高炉煤气燃烧时:

$$T_{理} = 5.02Q_{低} + 330 \tag{4-15}$$

式中 $T_{理}$——高炉煤气理论燃烧温度,$℃$;

$Q_{低}$——高炉煤气低发热值,kJ / m^3。

使用高炉煤气加焦炉煤气混合煤气燃烧时:

$$T_理 = 2.6Q_低 + 770 \tag{4-16}$$

式中　　$T_理$——混合煤气理论燃烧温度,℃;

　　　　$Q_低$——混合煤气低发热值,kJ/m³。

4.2.3.5　煤气富化比例的计算

焦炉煤气量占煤气总量的体积百分比为煤气富化比例。该值可根据焦炉煤气、高炉煤气和预期得到混合煤气的热值进行计算,其计算方法是:

$$Q_混 = Q_焦 X + (1 - X)Q_高 \tag{4-17}$$

式中　　$Q_混$——混合煤气热值,kJ/m³;

　　　　$Q_焦$——焦炉煤气的热值,kJ/m³;

　　　　X——焦炉煤气的体积百分比;

　　　　$Q_高$——高炉煤气热值,kJ/m³。

4.2.3.6　混合煤气热值的经验计算

根据各种煤气和混合煤气的流量及各种煤气估算的热值,可以简单计算混合煤气热值,其方法是:

$$Q_混 = (V_焦 / V_混)Q_焦 + (V_高 / V_混)Q_高 \tag{4-18}$$

式中　　$Q_混$——混合煤气热值,kJ/m³;

　　　　$V_焦$——焦炉煤气流量,m³/h;

　　　　$V_高$——高炉煤气流量,m³/h;

　　　　$V_混$——混合煤气流量,m³/h;

　　　　$Q_焦$——焦炉煤气热值,kJ/m³;

　　　　$Q_高$——高炉煤气热值,kJ/m³。

4.2.3.7　换炉次数的计算

热风炉的工作是燃烧和送风交替循环进行的。一个周期就是从燃烧开始到送风终了再次开始燃烧整个过程需要的时间,即:燃烧 + 送风 + 换炉三个过程所需要的时间。

燃烧期长对提高风温有利,过长就会造成废气温度升高,热损失增多、炉体寿命受影响;过短,则热风炉蓄热不够。

送风期长热量输出多,对提高风温不利;过短,不能充分利用蓄热,当再次燃烧时废气升温过快。

燃烧期与送风期两者对立统一。选择合理的周期对提高风温,延长炉体寿命十分重要。换炉次数与热风炉的座数、蓄热面积、助燃风机和煤气管网能力以及高炉对风温、风量的要求等因素有关。根据经验首先选择送风时间,然后进行计算。简单推算方法是:

混风调节风温时

2 烧 1 送制为:　　　　　　　　　　　$N = 8 \times 60 / t$

2 烧 2 送制为:　　　　　　　　　　　$N = 8 \times 60 / (t/2)$

式中　　8×60——每班时间,min;

　　　　N——每班换炉次数(取整数);

t——送风时间,min。

计算的换炉次数,在生产实践中需要逐渐调整,最终确定合理的换炉次数。

4.2.3.8 热风炉热效率的计算

热风炉热效率是热风炉支出的有效热量占热风炉煤气燃烧带入总热量的百分比,用符号 η 表示。计算公式为:

$$\eta = \frac{V(C_{2风}t_2 - C_{1风}t_1)}{V_煤 Q_低 + V_煤 C_煤 t_煤 + V_空 C_空 t_空} \times 100\% \tag{4-19}$$

式中 V、$V_煤$、$V_空$——分别表示周期风量、周期煤气量、周期助燃风量,m³;

$C_{2风}$、$C_{1风}$、$C_煤$、$C_空$——分别表示热风热容、冷风热容、煤气热容和助燃风热容,J/K;

t_2、t_1、$t_煤$、$t_风$——分别表示风温、冷风温度、煤气温度和助燃风温度,K。

热风炉热效率的标准计算较为复杂,通过下式可简单计算出热效率的趋势:

$$\eta = \frac{\Delta q V_风 \times 60}{V_高 Q_高 + V_焦 Q_焦} \times 100\% \tag{4-20}$$

式中 Δq——热风热焓 – 冷风热焓,kJ/m³;

$V_高$、$V_焦$——高炉、焦炉煤气流量,m³/h;

$V_风$——高炉风量,m³/min;

$Q_高$、$Q_焦$——高炉、焦炉煤气热值,kJ/m³。

通过计算,可以判断热风炉的热效率高低;若效率低,应分析原因,采取措施,提高热效率,以降低能耗。

4.2.3.9 预热器温度效率的简单计算

$$温度效率 = \frac{热空气温度 – 大气温度}{预热器前烟气温度 – 大气温度} \times 100\% \tag{4-21}$$

同理,对双预热分离式热管换热器,煤气预热器也可进行温度效率的计算:

$$温度效率 = \frac{热煤气温度 – 煤气温度}{预热器前烟气温度 – 大气温度} \times 100\% \tag{4-22}$$

通过以上简单计算并结合生产实践,观察预热空气、煤气量对预热器和预热效果的影响,观察预热器运行中的设备状况。

4.2.3.10 煤气发生量的简单计算

根据高炉鼓风中的氮气含量可以计算出高炉产生的煤气量,公式如下:

$$V_高 = \frac{N_{2f} V_风}{N_{2m}} \times 60 \tag{4-23}$$

式中 $V_高$——高炉煤气产量,m³/h;

N_{2f}——鼓风中 N_2 的体积分数,%;

N_{2m}——煤气中 N_2 的体积分数,%;

$V_风$——高炉风量,m³/min。

扣除煤气损失后的煤气量为净煤气产量,即:

$$V_净 = V_高 \times 90\% \tag{4-24}$$

复习思考题

1. 高炉热风炉用的燃料种类有哪些？
2. 气体燃料的优点有哪些？
3. 热风炉用各种煤气的成分是什么？
4. 热风炉对燃料的品质要求有哪些？
5. 什么是着火点？
6. 什么叫过剩空气系数？
7. 什么是低发热量和高发热量？
8. 什么是理论燃烧温度？
9. 煤气的燃烧过程分为哪几个阶段？
10. 进行空气需要量和燃烧产物量的计算。
11. 进行混合煤气热值的计算。
12. 进行换炉次数的计算。

5 热风炉的操作

5.1 热风炉的操作方式

热风炉的基本操作方式为联锁自动操作和联锁半自动操作。为了便于设备维护和检修,操作系统还需要备有单炉自动、半自动操作,手动操作和机旁操作等方式:

(1)联锁自动控制操作 按预先选定的送风制度和时间进行热风炉状态的转换,换炉过程全自动控制。

(2)联锁半自动控制操作 按预先选定的送风制度,由操作人员指令进行热风炉状态的转换,换炉过程由人工干预。

(3)单炉自动控制操作 根据换炉工艺要求,1座炉子单独由自动控制完成热风炉状态转换的操作。

(4)手动操作 通过热风炉集中控制台上的操作按钮进行单独操作,用于热风炉从停炉转换成正常状态,或转换为检修的操作。

(5)机旁操作 在设备现场,可以单独操作一切设备,用于设备的维护和调试。

联锁是为了保护设备不误动作,在热风炉操作中要保证向高炉连续送风,杜绝恶性生产事故;因此换炉过程必须保证至少有1座热风炉处于送风状态,另外的热风炉才可以转变为燃烧或其他状态。

5.2 送风制度和燃烧制度

5.2.1 送风制度

高炉有3座热风炉时,送风制度有2烧1送、1烧2送和半并联交叉送风3种。高炉有4座热风炉时,送风制度有3烧1送、并联和交叉并联3种。在这些方式中,最常用的有:全部为单炉送风、交叉并联送风和半并联交叉送风。

5.2.1.1 单炉送风

在3座或4座的热风炉组中,仅有1座热风炉处于送风状态,热风炉出口温度必须高于或等于规定的送风温度,通过混入冷风以获得稳定的风温。图5-1为2烧1送的送风制度作业示意图。

5.2.1.2 交叉并联送风

交叉并联送风属于2烧2送制。在4座热风炉组中,2座热风炉错开时间同时送风,用1座送风后期的低温热风炉,向另1座正在送风的热风炉的高温热风中混入低温热风,使高炉获得稳定风温的热风,减少送风期的风温降。在整个送风期都是双炉送风,但是两热风炉通过的风量不同,1座是主送炉,另1座是副送炉。这种两座热风炉交叉并联,周而复始地向高炉送风的方式,称为交叉并联送风。这种送风方式不需要通入冷风,因此可以提高风温,延长送风时间,使热风

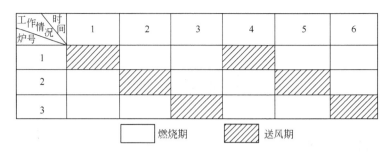

图 5-1　2 烧 1 送送风制度作业示意图

炉的热效率得到改善。首钢的生产实践证明,在相同条件下,交叉并联送风比单炉送风提高风温约 40℃,提高热效率 4% 左右。图 5-2 为交叉并联送风制度作业示意图。

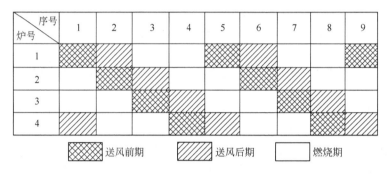

图 5-2　四座热风炉交叉并联送风制度作业示意图

5.2.1.3　半并联交叉送风

在三座热风炉组中,若采用交叉并联送风方式,送风时间长,没有足够的燃烧时间,因此采用半并联交叉送风方式,即 2 烧 1 送与 1 烧 2 送相结合的方式;通过调节,改变主送风热风炉的冷风量来使高炉获得稳定的风温。在 1 座热风炉的整个送风期,前期作为主送炉,后期作为副送炉;在第一阶段,蓄热能力很大时,该热风炉作为主送炉将部分热风送入高炉,另一部分热风由副送炉送入高炉;在此阶段实际上是由 2 座热风炉并联向高炉送风;在第二阶段,高炉需要的热风全部由主送炉提供,而副送炉转为燃烧炉,此时呈单炉送风状态;第三阶段,当主送炉的蓄热量减少时,应逐渐减少通过这座热风炉的风量,将其变为副送炉,而将刚烧好的热风炉换为主送炉,此时仍然是 2 座热风炉并联向高炉送风。图 5-3 是半并联交叉送风制度作业示意图。

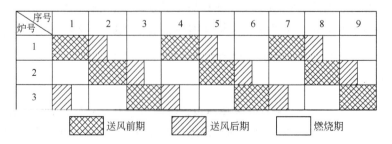

图 5-3　三座热风炉半并联交叉送风制度作业示意图

送风方式的转换应根据高炉使用的风温水平和热风炉当时设备的状况做出选择。

5.2.2 燃烧制度

5.2.2.1 燃烧控制

燃烧制度就是为送风周期储备热量。其控制原理是:通过调节煤气热值控制热风炉拱顶温度;通过调节煤气总流量控制废气温度;通过助燃空气流量来控制燃烧,助燃空气量则根据煤气成分和流量而设定空气、燃气比例及合理的空气过剩系数。

A 炉顶温度和烟道废气温度的确定

炉顶温度和烟道废气温度不能超过热风炉原始设计的最高温度值,以保护热风炉耐材砌体、下部炉箅和支柱等不损坏,延长热风炉整体寿命。

高炉热风炉炉顶采用高铝砖或黏土砖砌筑时,其主要理化指标见表5-1。

表 5-1 热风炉炉顶耐火砖的主要理化指标

性能 种类	Al_2O_3 含量/%			荷重软化温度/℃ 0.2 MPa 开始软化温度			耐火度/℃		
	最高	最低	平均	最高	最低	平均	最高	最低	平均
黏土砖	46.24	41.40	44.50	1470	1360	1400	1730	1710	1720
高铝砖	76.16	70.25	73.51	1575	1510	1565			>1790

炉顶最高温度不应超过所砌耐火材料的最低荷重软化温度。为了保险起见,炉顶温度要稍低于最低荷重软化温度;高铝砖热风炉的炉顶温度规定小于1350℃;硅砖热风炉的炉顶温度规定小于1450℃。

为避免热风炉热效率的降低和烧坏蓄热室下部设备,废气温度不得超过表5-2所列数值。

表 5-2 允许的废气温度(℃)范围

支 撑 结 构	大 型 高 炉	中、小型高炉
金 属	不超过 350～400	不超过 400～450
砖 柱	无	不超过 450～500

B 炉顶温度和烟道废气温度与风温的关系

(1)炉顶温度与风温的关系 热风温度与烧炉时炉顶温度有关,提高炉顶温度可以提高风温。一般认为热风温度要比炉顶温度低150～200℃,而比燃烧条件好、蓄热能力强的热风炉的炉顶温度低100～150℃。

为保护热风炉炉顶设备,炉顶温度要控制在规定值以下。若因故超出规定值,可采用停烧焦炉煤气、减少煤气量或增大空气量等办法来调节。

(2)烟道废气温度与风温的关系 提高废气温度可以提高热风炉的蓄热量,减少周期风温降落,进而可以提高热风温度。在当前条件下,废气温度在400℃以下时,废气温度每提高100℃,风温大约可升高40℃。

若废气温度过高,不仅引起热风炉热效率降低,煤气消耗增加,而且极易造成热风炉下部金属支撑结构件和砖墙被烧损的危险。根据温度测量结果,燃烧末期炉箅子温度比废气温度平均高出130℃左右,因此,废气温度不能过高。

废气温度太低,炉内蓄热不足,风温降落大,对高炉操作影响大,仪表记录纸上也会明显地出现大"梅花瓣"标记。

5.2.2.2　燃烧制度

热风炉在烧炉时要保证合理燃烧,热风炉的合理燃烧是指在既定的热风炉条件下应保证:

(1)单位时间内燃烧的煤气量适当;

(2)煤气燃烧充分、完全,并且热量损失最小;

(3)可能达到的风温水平最高,并确保热风炉的寿命。

A　燃烧制度

要保证热风炉的合理燃烧,就要根据热风炉的条件选择合理的燃烧制度。目前,热风炉所采用的燃烧制度大体可分为三种:固定煤气量,调节助燃空气量;固定助燃空气量,调节煤气量;煤气量和助燃空气量同时调节。

(1)固定煤气量,调节助燃空气量　在热风炉整个燃烧期内,始终保持煤气量不变,适当地调节助燃空气量保证煤气的完全燃烧。整个燃烧期一直是最大煤气量,当炉顶温度达到规定值后,用增加助燃空气量的办法稳定炉顶温度,来增加热风炉的燃烧强度。由于烟气体积增加,流速增大,有利于对流传热,从而强化了热风炉中、下部的热交换作用。因此,这是一种较好的强化燃烧方法。但是,仅适用于助燃空气量可调,鼓风机有剩余能力的炉子。

(2)固定助燃空气量,调节煤气量　在整个燃烧期内始终固定助燃空气量不变,适当调节煤气量进行燃烧。若在保温期减少了煤气量,即减少了烟气量,降低了热风炉的燃烧强度,对热风炉的传热不利;但是调节比较方便,易于掌握,适用于助燃风机能力不足,或助燃空气量不能调节的炉子。

(3)煤气量和助燃空气量同时调节　在燃烧初期,使用最大的煤气量和适当的助燃空气量配合燃烧,当炉顶温度达到规定值后,同时减少煤气量和助燃空气量,以维持炉顶温度。这种方法最大的缺点是难以控制煤气和空气的配比合适,以保持炉顶温度的稳定。而煤气和空气同时减少,必然引起热风炉的燃烧强度降低,使整个热风炉蓄热量下降,因而,这种方法除了煤气压力波动大的热风炉和用以控制废气温度外,一般很少采用。各种燃烧制度的特性见表5-3,各种燃烧制度示意图见图5-4。

表 5-3　各种燃烧制度的特性

分　类	固定煤气量,调节空气量		固定空气量,调节煤气量		空气量、煤气量同时调节	
期　别	升温期	蓄热期	升温期	蓄热期	升温期	蓄热期
空气量	适　量	增　大	不　变	不　变	适　量	减　少
煤气量	不　变	不　变	适　量	减　少	适　量	减　少
空气过剩系数	最　小	增　大	最　小	增　大	较　小	较　小
拱顶温度	最　高	不　变	最　高	不　变	最　高	不变或降低
废气量	增　大		稍减少		减　少	
热风炉蓄热量	加大,利于强化		减小,不利于强化		减少,不利于强化	
操作难易	较　难		易		难	
适用范围	空气量可调		空气量不可调或助燃风机容量不足		空气量、煤气量均可调,并可用以控制废气温度	

B　快速烧炉法

快速烧炉法就是在燃烧初期,用最大的煤气量和最小的空气过剩系数,进行强化燃烧,在短

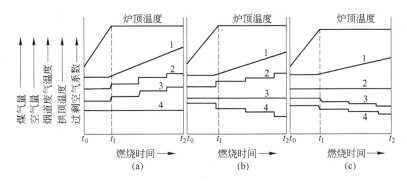

图 5-4 各种燃烧制度示意图

(a) 固定煤气量调节空气量;(b) 固定空气量调节煤气量;(c) 空气量、煤气量都调节

1—烟道废气温度;2—过剩空气系数;3—空气量;4—煤气量

时间内(如不超过 15～20 min),将炉顶温度烧到规定的最高值,然后,通过增大过剩空气系数的办法来保持规定的最高炉顶温度,把废气温度也迅速烧上来。目前热风炉普遍采用这种快速烧炉法。

在正常情况下,热风炉的烧炉与送风周期大体是一定的,如图 5-5 所示。在烧炉期,炉顶温度要尽快升至规定的温度 T_1,延长恒温时间,使热风炉长时间在高温下蓄热。如果升温的时间较长,如图 5-5 中虚线所示,则相对缩短了恒温时间,即热风炉在高温下的蓄热时间减少。快速烧炉的要点就是缩短图中 t_2 的时间,以大的煤气量和适当的空气过剩系数,在短期内将炉顶温度烧到规定值;然后用燃烧期约 90% 的时间以稍高的空气过剩系数继续燃烧。此期间在保持炉顶温度不变的情况下,逐渐提高烟道废气温度,增加蓄热室的热量。但在整个烧炉过程中,烟道废气温度不得超过规定值。

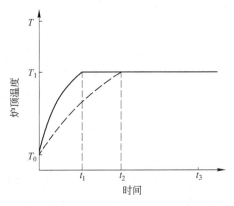

图 5-5 热风炉炉顶升温曲线

现在很多热风炉采用陶瓷燃烧器,为快速烧炉提供了条件。如首钢 1 号高炉,原来在 20～25 min 内,炉顶温度可以烧到 1280～1300℃的规定值,现在改用陶瓷燃烧器后,只需 15 min,炉顶温度就能烧到规定值。

C 快速烧炉法的调火原则

采用固定煤气量调节空气量的快速烧炉法,与固定空气量调节煤气量、同时调节空气量和煤气量的烧炉法相比,快速烧炉法在整个燃烧期内使用的煤气量最大,因而废气较大,流速加快,利于对流传热,强化了热风炉中下部的热交换,利于维持较高的风温。

调火原则是以煤气压力为根据,以煤气流量为参考,以调节空气量和煤气量为手段,达到炉顶温度上升的目的。

具体操作程序是:

(1)开始燃烧时,根据高炉所需风温水平来决定燃烧操作,一般应以最大的煤气量和最小的空气过剩系数来强化燃烧。在保持完全燃烧的情况下,空气过剩系数尽量小,以利尽快将炉顶温度烧到规定值。

（2）炉顶温度达到规定温度时，应适当加大空气过剩系数，保持炉顶温度不上升，提高烟道废气温度，增加热风炉中下部的蓄热量。

（3）若炉顶温度、烟道温度同时达到规定值时，不能减烧，而应该采取换炉通风的办法。

（4）若烟道温度达到规定值仍不能换炉时，应当减少煤气量来保持烟道温度不上升。

（5）如果高炉不正常，要求低风温延续时间在 4h 以上时，应采取减烧与并联送风的措施。

D　合理燃烧周期的确定

热风炉从开始燃烧到送风结束的全部时间称为一个工作周期。热风炉的工作周期由燃烧时间、换炉时间和送风时间所组成。热风炉内的温度是周期性变化的。图 5-6 为热风炉一个工作周期的温度控制曲线。

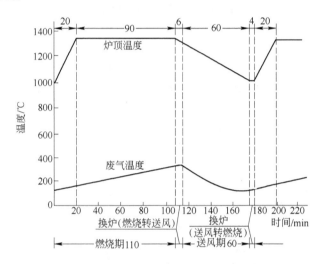

图 5-6　热风炉一个工作周期温度控制曲线

（1）风温与送风时间的关系：随着送风时间的增加，送风热风炉出口的温度逐渐降低。鞍钢某高炉热风炉送风时间由 2 h 缩短为 1 h，热风炉出口温度提高 90℃。不同送风时间与热风相应出口温度的关系见表 5-4。

表 5-4　送风时间与热风出口温度的关系

送风时间/h	热风出口温度/℃
0.5	1100
0.75	1100
1	1090
1.5	1030
2	1000

注：固定炉顶温度为 1250℃，烟道废气温度为 200℃。

（2）合理燃烧周期的确定：热风炉送风时间与燃烧时间的关系可用下式表述：

$$\tau_{燃} = (n-1)\tau_{送} - \tau_{换} \tag{5-1}$$

式中　$\tau_{燃}$——燃烧时间，min；

　　　　n——一组热风炉座数；

　　　　$\tau_{送}$——送风时间，min；

　　　　$\tau_{换}$——换炉时间，min。

由上式可知,增加热风炉座数和送风时间,减少换炉时间,则燃烧时间增加,反之则缩短。其合理周期可用下式计算:

$$\Delta\tau = \sqrt{2T\tau_{换}} \qquad (5\text{-}2)$$

式中 $\Delta\tau$——热风炉烧炉时间(包括换炉时间),h;

   T——废气温度从开始升到与炉顶末温相同水平所需的时间,h。

E 合理燃烧的判断

燃烧配比就是燃料量与空气量的比例;正常燃烧,煤气与空气必须有合理的配比。经验表明,1 m³ 煤气需要 0.7~0.91 m³ 空气。在装有分析仪表的热风炉上,可参考烟道废气成分进行燃烧调整。在燃烧过程中,煤气、空气配比适当(即过剩空气系数适当),废气成分中有微量的 O_2,无 CO;空气量过多时,废气成分中 O_2 含量增多;空气量不足时,废气成分中 CO 含量明显增多。合理的烟道废气成分见表 5-5。

表 5-5 合理的烟道废气成分($w/\%$)

项 目		CO_2	O_2	CO	过剩空气系数
理论值		23~26	0	0	1.0
实际值	烧高炉煤气	23~25	0.5~1.0	0	1.05~1.10
	烧混合煤气	21~23	1.0~1.5	0	1.10~1.20

没有分析仪表,并且可以直接观察到燃烧室内火焰情况的热风炉,可通过燃烧火焰来判断燃烧是否正常。

(1) 正常燃烧:煤气和空气的配比合适。火焰中心呈黄色,四周微蓝而透明,通过火焰可以清晰的见到燃烧室砖墙,加热时炉顶温度很快上升。

(2) 空气量过多:火焰明亮呈天蓝色,耀目而透明,燃烧室砖墙清晰可见,但发暗,炉顶温度下降,达不到规定的最高值。烟道废气温度上升较快。

(3) 空气量不足:燃料没有完全燃烧,火焰混浊而呈红黄色,个别带有透明的火焰,燃烧室不清晰,或完全看不清。炉顶温度下降,烧不到规定最高值。

5.3 热风炉操作

"三勤一快"是热风炉操作的基本工作方法。它的内容是:在热风炉操作中,勤联系,勤调节,勤检查,快速换炉。

勤联系:经常与高炉、煤气调度室、煤气管理室等单位联系,对高炉炉况、风温使用情况、煤气平衡情况、外界情况的各种变化,做到心中有数。

勤调节:对燃烧的热风炉,注意观察炉顶温度和废气温度的变化情况,调整好煤气与空气的配比;在较短的时间里,调整炉顶温度达到最佳值,然后保温,增加废气温度,科学、合理烧炉。

勤检查:对所属设备运转情况,炉顶、炉皮、三岔口、各阀门及冷却水、风机等各部位进行必要的巡回检查,及时发现问题,及时处理。

快速换炉:在风压、风温波动不超过规定值的前提下,准确、迅速地换炉,以获得较长的燃烧时间,提高热风炉效率。

热风炉操作要求:

(1) 拱顶温度和废气温度不允许超过规定水平。一般拱顶温度不大于 1300℃,废气温度不大于 350℃。

(2) 高炉煤气压力低于 3 kPa 时,要停止烧炉,待煤气压力恢复后再点炉。正常烧炉时,焦炉煤气配比不能高于10%;焦炉煤气压力低于3kPa时要停止使用。

(3)拱顶温度低于800℃,不得直接用高炉煤气点火;必须先用明火引燃高炉煤气。若高炉不正常或其他原因不能烧炉时,送风炉拱顶温度不得低于1000℃。

(4)要求高炉煤气用量不大于60000(标态)m³/h,焦炉煤气用量不大于60000(标态)m³/h。正常烧炉时,1m³高炉煤气需助燃空气量约0.7~0.91m³。废气含氧量在0.5%~1.0%范围内。

(5)高炉减风坐料时,必须关好混风切断阀。

(6)热风炉赶、引煤气,点火烧炉,停用煤气前,要与燃气调度联系。煤气系统赶、引煤气后要由煤防站人员进行检测和做爆发试验。

(7)陶瓷燃烧器严禁直接用焦炉煤气点火。

(8)要配合检修人员做好停电挂牌及试车工作。更换热电偶时,必须对热电偶的插入深度进行检查确认,并做好记录。

(9)负责液压系统的正常运转。

(10)负责助燃风机的启、停操作及点检、维护。

(11)余热回收设备堵塞时,负责清洗预热器。

(12)负责热风炉设备故障及发生事故时的对外联系及处理。

(13)保证高炉需要的风温。

5.3.1　热风炉换炉操作

热风炉生产工艺是通过切换各阀门的工作状态来实现的,通常称为换炉。换炉操作包括由燃烧转为送风,由送风转为燃烧两部分;在一种状态向另一种状态转换的过程中,应严格按照操作规程的程序工作,否则将会发生严重的生产事故,甚至危及人身的安全,损坏设备。

5.3.1.1　热风炉换炉操作的技术要求

热风炉换炉的主要技术要求有:风压、风温波动小,速度快,保证不跑风;风压波动:大高炉小于20kPa,小高炉小于10kPa;风温波动:4座热风炉的小于30℃,3座热风炉的小于60℃。如首钢规定:风压波动不大于10kPa,风温波动不大于±10~20℃。

5.3.1.2　热风炉的换炉操作

A　内燃式热风炉的换炉操作程序

图5-7是内燃式热风炉阀门布置示意图。

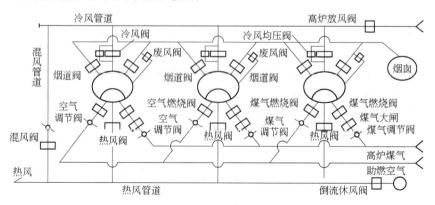

图5-7　热风炉有关各阀门示意图

(1) 燃烧──→送风操作步骤为:关闭煤气调节阀→关闭空气调节阀→关闭煤气切断阀(连动)打开煤气放散阀→关闭煤气燃烧阀→关闭空气燃烧阀→关闭烟道(2台)阀→打开冷风均压阀,对炉内进行均压→待炉内均压完成后打开冷风阀→开热风阀→开混风调节阀调节风温。

(2) 送风──→燃烧操作步骤为:关闭冷风阀→关闭热风阀→打开废风阀,放尽炉内废风,进行均压→待炉内均压完成后打开烟道阀(2台)→关闭废风阀→开空气燃烧阀→打开煤气燃烧阀→打开煤气切断阀→打开空气调节阀,慢开小开点火→打开煤气调节阀,同样要慢开小开点火→当火点燃后,根据风温的需要设定煤气与空气量,进行正常燃烧。

B 外燃式热风炉的换炉操作程序

图 5-8 为外燃式热风炉阀门布置示意图。

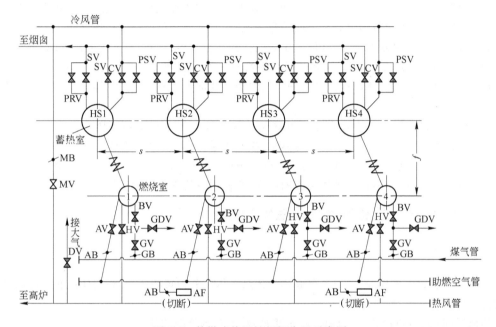

图 5-8 外燃式热风炉阀门布置示意图

HS—热风炉;HV—热风阀;CV—冷风阀;BV—燃烧阀(第一煤气阀);GV—煤气切断阀(第二煤气阀);
GB—煤气蝶阀;SV—烟道阀;MV—混风阀;MB—混风蝶阀;AV—空气阀;DV—倒流休风阀;
PRV—废气阀;PSV—旁通阀;GDV—煤气放散阀;AB—空气蝶阀;AF—助燃风机

4 座热风炉时,常用双炉交叉并联送风的工作制度,其操作程序如下:

(1) 燃烧──→送风操作步骤为:关煤气蝶阀(GB)和切断阀(GV)→当关闭煤气阀后,助燃风机继续工作数秒钟后再停→关闭空气蝶阀(AB)和空气阀(AV)→关闭燃烧阀(BV),开煤气放散阀(GDV),有的采用机械联动,可同时完成动作→关两个烟道阀→开冷风旁通阀(PSV)→经过一定时间后,在热风炉与冷风管道内的冷风接近均压后,开冷风阀(CV)→开热风阀(HV)→关冷风旁通阀(PSV),也可在冷风阀开启的同时,关冷风旁通阀(PSV)。

(2) 送风──→燃烧操作步骤为:关冷风阀(CV)→关热风阀(HV)→开废气阀(PRV)→经过一定时间后,在热风炉与烟道之间的废气达到或接近均压后,开两个烟道阀(SV)→关废气阀(PRV),也可在烟道阀开启的同时关闭废气阀→关燃烧煤气放散阀(GDV)→开第一煤气阀(BV)和空气蝶阀(AB),当第一煤气阀与煤气放散阀机械联动时,两阀同时完成动作→开煤气切断阀(GV)→点火(自动着火)→燃烧器风机接电工作→开大煤气蝶阀(GB)。

C 换炉的注意事项

(1) 热风炉主要阀门的开启原理:热风炉是一个受压容器,在开启某些阀门之前必须均衡阀门两侧的压力。例如,热风阀和冷风阀的开启,是靠冷风小门向炉内逐渐灌风,均衡热风炉与冷风管道之间的压力,之后阀门才开启的。再如,烟道阀和燃烧闸板的开启,首先是废风阀向烟道内泄压,均衡热风炉与烟道之间的压差之后才启动的。

(2) 换炉时要先关煤气闸板,后停助燃风机:换炉时,若先停助燃风机,后关煤气闸板,会有一部分未燃烧煤气进入热风炉,可能形成爆炸性混合气体,引发小爆炸,损坏炉体;还有部分煤气可能从助燃风机喷出,会造成操作人员中毒。尤其是在煤气闸板因故短时关不上时,后果更加严重。因此,必须严格执行先关煤气闸板,后停助燃风机的规定。

(3) 换炉时废风要放净:换炉时,送风炉废风没有排放干净就强开烟道阀,此时炉内气压还较大,强开阀门的后果会将烟道阀钢绳或月牙轮拉断,或者由于负荷过大烧坏马达。

废风是否放净的判断方法是:冷风风压表的指针是否回零;此外,也可从声音、时间来判断。

(4) 换炉时灌风速度不能过快:换炉时如果快速灌风,会引起高炉风量、风压波动太大,对高炉操作会产生不良影响。所以一定要根据风压波动的规定灌风换炉,灌风时间达 180 s 就可满足要求。

(5) 操作中禁止"闷炉":"闷炉"就是热风炉的各阀门呈全关状态,既不燃烧,也不送风。

"闷炉"之后,热风炉成为一个封闭的体系,在此体系内,炉顶部位的高温区与下部的低温区进行热量平衡移动,这样会使废气温度过高,烧坏金属支撑件;另外,热风炉内压力增大,炉顶、各旋口和炉墙难以承受,容易造成炉体结构的破损,故操作中禁止"闷炉"。

5.3.2 热风炉倒流休风、停气、停风、紧急停风等操作

5.3.2.1 热风炉倒流休风

高炉因故临时中断作业,关上热风阀称为休风。休风分为短期休风,长期休风和特殊休风三种情况。

休风时间在 2 h 以内称为短期休风,如更换风、渣口等情况的休风。

休风时间在 2 h 以上称为长期休风,如在处理和更换炉顶装料设备、煤气系统设备等,休风时间较长。为避免发生煤气爆炸事故和缩短休风时间,炉顶煤气需点火燃烧。

如遇停电、停水、停风等事故时,高炉的休风称为特殊休风。特殊休风的处理应及时果断。

A 倒流休风的操作程序

高炉在更换风口等冷却设备时,炉缸煤气会从风口冒出,给操作带来困难。因此,在更换冷却设备时进行倒流休风,有两种形式:一种是利用热风炉烟囱的抽力把高炉内剩余的煤气经过热风总管→热风炉→烟道→烟囱排出;另一种是利用热风总管尾部的倒流阀,经倒流管将剩余的煤气倒流到大气中。

倒流休风的操作程序:

(1) 高炉风压降低 50% 以下时,热风炉全部停烧;

(2) 关冷风入闸;

(3) 接到倒流休风信号,关闭送风炉的冷风阀、热风阀,开废风阀,放尽废风;

(4) 打开倒流阀,煤气进行倒流;

(5) 如果用热风炉倒流,按下列程序进行:开倒流炉的烟道阀,燃烧闸板;打开倒流炉的热风阀倒流。

(6) 休风操作完毕,发出信号,通知高炉。

注意:集中鼓风的炉子和硅砖热风炉禁止用热风炉倒流操作。

B 热风炉倒流注意事项

用热风炉倒流休风,应注意以下事项:

(1) 倒流休风炉,炉顶温度必须在 1000℃ 以上。炉顶温度过低的坏处:一是炉顶温度会进一步降低,影响倒流后的烧炉作业;二是温度过低,倒流煤气在炉内不燃烧或不完全燃烧,形成爆炸性混合气体,易引起爆炸事故。

(2) 倒流时间不超过 60 min,否则应换炉倒流。若倒流时间过长,会造成炉子大凉,炉顶温度大大下降,影响热风炉正常工作和炉体寿命。

(3) 一般情况下,不能两个热风炉同时倒流。

(4) 正在倒流的热风炉,不得处于燃烧状态。

(5) 倒流的热风炉一般不能立即用作送风炉,如果必须送风时,待残余煤气抽净后,方可作送风炉。

C 用热风炉倒流的危害

(1) 荒煤气中含有一定量的炉尘,易使格子砖堵塞和渣化。

(2) 倒流的煤气在热风炉内燃烧,初期炉顶温度过高,可能烧坏衬砖;后期煤气又太少,炉顶温度会急剧下降。这样的温度急变,对耐火材料不利,影响热风炉的寿命。

基于上述原因,新建高炉都在热风总管的尾部设一个倒流休风管,以备倒流休风之用;倒流休风管上采用闸式阀,并通水冷却;用倒流阀倒流休风,操作也简便。

5.3.2.2 热风炉停气

热风炉停气操作的步骤为:

(1) 高炉停气前,应将所有燃烧的热风炉立即停烧;

(2) 关闭煤气调节阀和空气调节阀;

(3) 关闭煤气切断阀,打开煤气放散阀(联动);

(4) 关闭煤气燃烧阀和空气燃烧阀,热风炉转为隔断;

(5) 高炉或热风炉管道停气后,向煤气管道通入蒸汽,并与煤气调度联系打开煤气总放散阀;煤气总放散阀冒出蒸汽 20 min 后,关闭蒸汽。

5.3.2.3 热风炉停风操作

在完成停气操作的基础上,按高炉的停风通知进行停风操作。

停风操作的步骤为:

(1) 当风压降低到 0.05 MPa 时,将混风切断阀关闭;

(2) 在双炉送风时停风,应事先将 1 座炉转为隔断状态,保持单炉送风;

(3) 见到高炉停风信号后,关闭热风阀;

(4) 关闭冷风阀;

(5) 打开烟道阀。

停风遇到以下情况,均先打开通风炉的冷风阀及烟道阀,抽走倒流进入热风炉和冷风管道的煤气,防止发生事故:

(1) 在停风操作过程中,风压放到很低所需要的时间较长;

(2) 高炉停风时间较长;

(3) 高炉风机停机;

(4) 停风后长时间没有进行倒流回压操作。

送风前或开启冷风阀、烟道阀 15～20 min 后,将冷风阀关闭,保持烟道阀在开启位置。

5.3.2.4 热风炉送风操作

送风前要做好准备工作,接到高炉的送风通知后进行送风操作。

送风操作的步骤为:

(1) 对于倒流休风的高炉,接到高炉停止倒流转为送风的通知后,关倒流炉的热风阀或倒流阀;

(2) 确定送风炉号,关闭烟道阀;

(3) 开启送风炉的冷风阀和热风阀;

(4) 关闭高炉放风阀;

(5) 向高炉发出送风信号后,当风压大于 0.05 MPa 时,打开冷风大闸和混风调节阀,调节风温到指定数值。

5.3.2.5 热风炉送气操作

接到煤气调度送净煤气的通知后,做如下工作:

(1) 检查煤气管道各部位人孔是否封好;

(2) 关闭各炉煤气大闸并确认关严,打开各个煤气调节阀;

(3) 打开各炉煤气支管放散阀及总管放散阀;

(4) 首先向管道通入蒸汽,当放散阀全部冒出蒸汽达到规定时间后,通知动力部门送气;

(5) 送煤气后,见煤气总管放散阀冒出煤气达到规定时间后,关闭煤气管道的蒸汽和放散阀;

(6) 根据煤气压的大小,部分或全部将停烧的热风炉转为燃烧。

5.3.2.6 热风炉紧急停风操作

高炉生产出现突发事故,为避免事故扩大,需要紧急停风。此时的操作是:如是多座高炉生产,或有高炉煤气柜时,高炉要先停风,热风炉再迅速停止煤气燃烧。若只有 1 座高炉生产,又没有煤气柜,热风炉就要先停止煤气燃烧,之后,高炉再迅速停风,其目的是防止煤气管道发生事故。由于混风阀会使热风管和冷风管短路,为防止冷风管道发生煤气爆炸事故,不论上述哪种情况都应首先将混风阀关闭。

紧急停风的操作步骤如下:

(1) 关闭混风阀;

(2) 关闭热风阀及冷风阀;

(3) 燃烧炉全部停烧,根据情况再进行其他相关的操作;

(4) 打开送风炉烟道阀;

(5) 如高炉风机停车,或风压下降过急,应打开送风炉冷风阀;

(6) 了解停风的原因及时间长短,做好恢复生产的准备工作。

5.3.2.7 热风炉紧急停电操作

热风炉紧急停电有两种情况:一种是热风炉助燃风机突然停机,而高炉生产正常;另一种是高炉和热风炉都停电,高炉和热风炉均进入事故状态。

助燃风机突然发生停机时,首先紧急关闭燃烧炉的煤气调节阀或煤气切断阀。实践表明,电力驱动的阀门,关闭调节阀要快一些;先使热风炉的燃烧炉处于自然燃烧状态,这样可防止大量煤气进入热风炉,然后再切断煤气。液压驱动的阀门,利用蓄能器的液压可直接关闭煤气切断阀。再次燃烧时,要等待热风炉和烟囱内的煤气全部排净后进行,不可操之过急。

高炉和热风炉同时发生停电情况时,首先按上述高炉和热风炉突然停电的紧急停风操作处理,然后做好其他相关工作。相关操作步骤如下:

(1) 煤气压力断绝时,煤气管道立即通入蒸汽;

(2) 关闭混风切断阀;

(3) 关闭燃烧炉的全部燃烧阀,关闭送风炉的冷风阀;

(4) 关闭送风炉的热风阀,打开烟道阀;

(5) 与煤气调度联系,确定是否需要打开总管道煤气放散阀;

(6) 接到高炉倒流回压的通知后,进行倒流回压操作;

(7) 进行热风炉的其他善后工作,如关闭空气切断阀等;

(8) 了解停风原因及时间长短,做好送风的一切准备工作。

注意事项:在进行第4项操作时,一定要积极与值班工长取得联系,听从工长指令,方可关通风炉热风阀,防止高炉灌渣和憋风机的重大事故。

5.3.2.8 助燃风机操作

助燃风机的开机操作:

(1) 检查轴承架不能亏油,冷却水保持畅通,吸风口和放散阀开关灵活,手动盘车正常。

(2) 与供电联系,允许后方可进行启动操作。

(3) 将风机吸风口调至10%以内的开度,并将风机切断阀关闭,同时打开风机放散阀。

(4) 闭合操作开关,启动风机。

(5) 风机开启正常后(电流下降,无异常声音)即可开风机切断阀。切断阀开启后,运行电流立即调整为不小于38A,防止风机喘振。

(6) 全面检查,并记录轴温和电流变化。

助燃风机的停机操作:

(1) 停机前全部停烧,通知供电,准备停机。

(2) 将风机吸风口(或放散阀)关小,运行电流控制在38~40A范围内。

(3) 关闭风机切断阀。

(4) 停助燃风机。

倒用风机操作:

(1) 在燃烧状态下倒用风机,先将备用风机启动待运转正常后,方可将运行风机停机。

(2) 一般是在全部停烧情况下倒用风机,待备用风机运行正常后,再恢复燃烧。

(3) 风机倒用原则上为30天一次,特殊情况另外决定。

5.3.3 热风炉烘炉与凉炉操作

5.3.3.1 热风炉烘炉操作

热风炉在砌筑完毕投产之前要进行烘烤;烘炉是去除砌体中的水分,并使其达到操作温度要求的加热过程。烘炉操作是热风炉生产的重要阶段,烘炉品质直接影响到热风炉的一代寿命,因此应依热风炉砌体的材质而制定烘炉方法和升温制度,并严格按计划执行。

A　热风炉烘炉的目的

(1)使热风炉砌体内的物理水和结晶水缓慢而又充分的逸出,增加砌筑砖衬的固结强度,避免水分突然大量蒸发导致爆裂和裂缝,致使耐火材料砌体损坏。

(2)使耐火材料砌体均匀、缓慢而又充分的膨胀,避免砌体内产生热应力集中或晶型转变而导致砌体的损坏。

(3)蓄热室内积蓄足够的热量,保证高炉烘炉和开炉所需要的风温。

B　热风炉烘炉的准备工作

热风炉烘炉前需要做好如下准备工作:

(1)热风炉的修砌和检修工作全部完成,并达到品质要求。

(2)热风炉烘炉前要完成各种设备的单体、联合和联锁试车。备好必要的工具、材料和设备,如点火枪和烘炉临时燃烧器的安装等。

(3)热风炉冷却水的水路通畅、正常,各保温蒸汽通气正常;测量炉内温度,作为烘炉升温的基础;测量和记录炉顶拱砖与中心大盖铁壳间距离,并做好标记,用以掌握烘炉过程中其膨胀情况。

(4)各仪器、仪表运转正常,数据准确可靠,尤其是炉顶温度表、废气温度表、煤气压力表必须准确无误。

(5)各热风炉试漏合格,漏气处处理完毕。

(6)一切烘炉设施全部安装完毕。

(7)高炉煤气和焦炉煤气引入热风炉之前,要完成煤气的试通气工作。

(8)在热风炉烘炉期间,高炉内仍有施工人员,热风炉与高炉必须做彻底的隔断。

(9)在热风炉烘烤之前,用木柴对烟囱进行先期烘烤,结束后再转入热风炉的烘炉工作。

(10)准备工作要求充分、严格、全面、认真。

C　热风炉的试漏

新建或大修的高炉竣工投产之前,必须对热风炉设备进行的检测(试漏);检查施工过程可能出现的缺陷,并及时消除;确保阀门不漏风、冷却设备不漏水、管道系统不漏气,各种设备性能良好,为安全顺利开炉奠定基础。

(1)热风炉系统试漏前的准备工作:

1)试漏前热风炉各阀门必须经过单机试车和联合试车,运转正常。

2)每座热风炉装一块压力表,监测压力。

3)试漏前将冷风阀、热风阀及冷风大闸关上,同时关上燃烧阀、烟道阀和废风阀,使每座热风炉处于单体密封状态,即"闷炉"状态。

(2)热风炉试漏程序:

1)热风炉试漏一般采用鼓风机拨风的办法,在做好准备之后,将冷风小门打开,逐渐提高冷风风压,风压达到 0.15 - 0.2 MPa。

2)风压达到 0.15 MPa 以上后,工作人员将肥皂水刷到各种阀门、法兰、管道和炉皮焊缝等部位,在有缺陷部位打上记号,待试漏后处理。

3)设备经检查确定缺陷后,打开废风阀,将冷风放掉,即停止试漏,并通知鼓风机室停止拨风。

4）每座热风炉可进行单体试漏。经试漏后的热风炉就具备了烘炉条件；有时也可在烘炉后进行试漏。

D　烘炉的燃料

最常用的烘炉燃料是高炉煤气和焦炉煤气；有些新建的高炉，在缺乏煤气条件下，也可以用燃油烘炉；无论是用煤气还是用燃油烘炉都是容易掌握和控制的。木柴、煤、固体燃料等也可以用来作为烘炉的燃料，但必须在热风炉外砌筑专门的燃烧炉。

总之，木柴、重油、柴油、优质煤、煤气和天然气等都可以作为烘炉的燃料。但要准备足够数量的燃料，必要可靠的烘炉工具，以确保烘炉的连续性。还要注意燃料存放场地的安全，以防发生意外。

E　烘炉的方法

热风炉的烘炉方法有两种：

（1）在热风炉外另砌一个简易的炉灶，烧煤或其他燃料，燃烧产生的热烟气由热风炉燃烧口引入燃烧室，通过蓄热室，经烟道排出。通过热烟气的流动烘烤热风炉。此法适用于小高炉，或在没有气体燃料时使用。热风炉顶温可达到 $600 \sim 700 ℃$ ，每 $1~m^2$ 加热面积大约消耗 $5 \sim 6~kg$ 标准煤。这种方法升温慢，又不易控制温度，热风炉的蓄热量难以满足高炉开炉的需要。

（2）用煤气烘炉，也是最常用的烘炉方法。此法不需另砌炉灶，操作简便。烘炉开始首先在燃烧室内用一些木柴等易燃物，自然通风点燃。在热风炉顶温烧到 $900 \sim 1000 ℃$ 时，每平方米加热面积消耗高炉煤气 $35 \sim 40~m^3$ 。

F　热风炉烘炉操作

热风炉烘炉的具体要求为：

（1）烘炉前要针对具体的炉型、新建或者大、中、小修的不同情况，设计出烘炉方案和升温制度，画出烘炉曲线图。必须严格执行烘炉制度和烘炉曲线。

（2）烘炉必须连续，严禁一烘一停。

（3）新建或大修后的炉子，烘炉前应先期烘烤主烟道。烘炉当中因故被迫中断烘炉时，顶温在 $400 ℃$ 以下时可燃烧木柴保持温度。

（4）要严格按照烘炉曲线计划升温，通过调节烟道阀开度，或调节空气与煤气量来控制升温速度；若由于仪表发生问题时，在排除故障后，如果温度已经超过计划规定值，在此温度点保持一段时间；若温度低于计划规定值，应延长烘炉时间。决不可盲目延长或缩短计划烘炉时间。

（5）烘炉期间，炉顶温度的波动应控制在 $-5 \sim +10 ℃$ ；烟道温度不应超过规定值。热风炉炉顶如果是硅砖，温度波动应控制在 $-2 \sim +5 ℃$ 为宜。

（6）记录烘炉温度，对炉顶温度和烟道温度 $1~h$ 测量 1 次；同时记录煤气和空气压力和流量；炉顶膨胀情况，每班测量 1 次并记录。

（7）烘炉期间应定期取样分析废气中的水分。

（8）烘炉结束，炉顶温度必须保持在 $1000 ℃$ 以上。烘炉达到计划温度后，开始试通风。每次试通风后再次燃烧时，炉顶升温数值要根据具体情况确定，一般控制在 $40 \sim 50 ℃$ 。不允许一次通风后就转为正常（最高）温度；应当通过几次通风后，温度达到正常规定的（最高）数值，以免发生烘炉事故。

G　热风炉烘炉曲线

烘炉必须遵守升温速度和保温时间，用时间—温度来表示的关系图表称为烘炉曲线。烘炉曲线是根据耐火材料在受热后，随温度的升高体积变化规律制订的，是烘炉过程遵循的标准。

实际上烘炉过程中炉温上升速度很难完全符合理想的烘炉曲线,总会有波动,但是不应偏离太远,否则会影响烘炉品质,还可能产生不良后果。所以在烘炉之前,先制订烘炉曲线,做到安全烘炉。

新建或大修后的热风炉,烘炉时间在不同炉型、不同材质之间也存在一定的差别。热风炉用高铝砖、黏土砖砌筑,烘炉时间为 7~15 天;用硅砖砌筑,烘炉时间一般为 30~45 天。下面就分别介绍热风炉用不同材质砌筑时的烘炉曲线。

　　a　黏土砖和高铝砖热风炉的烘炉曲线

用黏土砖和高铝砖砌筑的热风炉烘炉时,在 300℃ 以下,升温速度为 4~5℃/h;达到 300℃,保温 16 h 以上;在 300~600℃ 之间,升温速度为 6~8℃/h;600℃ 以上,升温速度 10~15℃/h。

图 5-9 是用黏土砖和高铝砖砌筑热风炉的烘炉曲线。这种烘炉曲线比较常用,也比较简单。

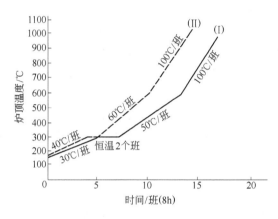

图 5-9　黏土砖、高铝砖热风炉烘炉曲线

大修或新建的热风炉按图 5-9(Ⅰ)烘炉曲线烘炉。先用木柴或焦炉煤气盘烘烤,其炉顶温度不应超过 150℃,以后改为高炉煤气烘烤,炉顶温度每 8 h 提高 30℃;达到 300℃,恒温 16 h,以便排除砌体中的水分。以后,每 8 h 升温 50℃;达到 600℃ 后,每 8 h 提高 100℃。如果炉子比较潮湿,砌体中的水分较多,可考虑在 600℃ 时,恒温 24~32 h。总烘炉时间为 6~7 天。

热风炉在中修或局部修理之后,按图 5-9(Ⅱ)曲线进行烘炉。烘炉初期炉顶温度不应超过 150℃;以后每 8 h 提高 40℃;炉顶温度达到 300℃ 时,保温 8 h;以后改为每 8 h 升温 60℃;达到 600℃ 后,每 8 h 提高 100~150℃;烘炉时间一般为 3~4 天。

　　b　硅砖热风炉烘炉曲线

硅砖在 300℃ 以下发生相变,相变时伴随有体积的突胀,而且这种变化是可逆的;当温度升到 573℃ 时,还有 β→α 的石英相变,同样伴随有体积突然膨胀;在 600℃ 以上,相变结束,体积突胀现象也相应停止。所以热风炉砌体只要砌筑了硅砖,哪怕是局部的,也要按硅砖烘炉制度烘炉。300℃ 以下,升温速度为 2~3℃/h;在 150℃ 和 300℃ 两个温度点,各需保温 2 天左右;300~600℃ 之间,升温速度为 5℃/h 左右;达到 600℃ 时,要保温 3 天左右;600℃ 以上升温速度为 10~15℃/h。

鞍钢 6 号高炉共有 3 座马琴式外燃式热风炉,其炉顶和上部高温区砌筑了硅砖。在烘炉过程中试验了两种烘炉方式。2 号和 3 号热风炉采用了加热炉烟气烘炉,计划烘炉时间是 35 天,实际烘炉时间 3 号炉为 40 天,2 号炉为 34 天。1 号炉采用高炉热风烘炉,整个烘炉过程为 25 天。2 号炉和 3 号炉计划和实际烘炉曲线如图 5-10 所示,1 号炉烘炉曲线如图 5-11 所示。

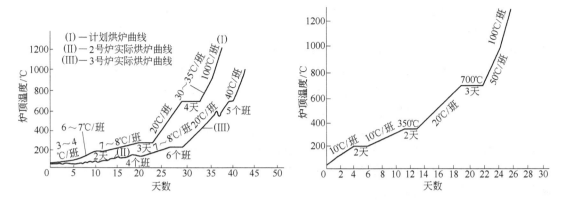

图 5-10　鞍钢 6 号高炉 2 号和 3 号　　　　　　图 5-11　鞍钢 6 号高炉 1 号
硅砖热风炉烘炉曲线　　　　　　　　　　　硅砖热风炉计划烘炉曲线

近年来,硅砖热风炉应用越来越广泛,烘炉技术不断提高,烘炉时间大大缩短,图 5-12、图 5-13、图 5-14、图 5-15 是近年来国内几座硅砖热风炉实际烘炉曲线。

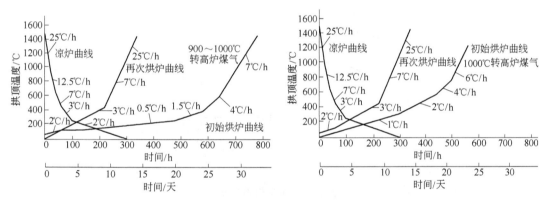

图 5-12　卡鲁金顶燃式硅砖热风炉烘炉曲线　　图 5-13　改进后卡鲁金顶燃式硅砖热风炉烘炉曲线
　　　（青钢 5 号高炉 500 m³）　　　　　　　　　（青钢 6 号高炉 500 m³）

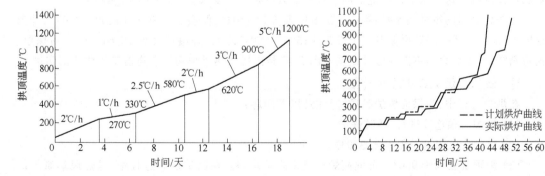

图 5-14　霍戈文式硅砖热风炉烘炉曲线　　　　图 5-15　首钢硅砖顶燃式热风炉烘炉曲线
　　（鞍钢新 1 号高炉 3200 m³）

硅砖热风炉的烘炉曲线是最复杂的一种,烘炉曲线中各个恒温阶段的作用如下:

(1) 在 200℃ 保温 2 天,目的是排除砌体中的机械附着水分;同时也兼顾了 γ-鳞石英向 β-鳞石英转变,继而向 α-鳞石英的转化时体积的变化。

(2) 在 350℃ 保温 3 天,有利于继续排除砌体深度上的水分。此外,在这个温度附近砖中存在 β-方石英向 α-方石英转化的可能,必然伴随有较大的体积膨胀;保温时间长,可以减少砌体厚度方向的温度差,避免砌体受力过大而损坏。

(3) 在 700℃ 保温 4 天,以适应砖中残存 β-石英向 α-石英转化的可能。同时,也使远离高温面的砖体中结晶水的析出,以及 SiO_2 完成晶型转化。

硅砖在 600℃ 以下,体积膨胀率较大,所以低温阶段升温速度尽可能缓慢些。700℃ 以上的高温阶段,可适当加快升温速度。

c　陶瓷燃烧器的烘烤曲线

装有陶瓷燃烧器的热风炉,在烘炉前,要根据矾土水泥耐火混凝土及磷酸盐耐火混凝土的特点,对陶瓷燃烧器单独烘烤,一般采用焦炉煤气盘烘烤。煤气盘如图 5-16 所示,这种煤气盘直径的大小,要依据燃烧器和燃烧室的直径而定,一般分 $\phi800\,mm$、$\phi600\,mm$、$\phi400\,mm$、$\phi200\,mm$ 等规格。

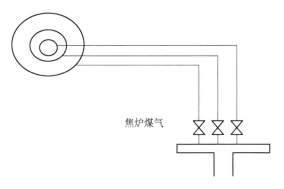

图 5-16　烘炉用煤气盘

用 $\phi38\,mm$ 无缝钢管,管壁上钻 $\phi4\,mm$ 孔若干个,放置在陶瓷燃烧器的煤气道中,引入煤气,对燃烧器进行烘烤。从陶瓷燃烧器的点火孔插入燃烧室一支镍铬一考铜热电偶测温。

陶瓷燃烧器的烘烤制度是:第一个班 8 h,温度达 150℃,保温 3 个班 24 h;150~350℃,升温速度 12.5℃/h,在 350℃ 再保温 3 个班 24 h;350~600℃ 之间,升温速度为 15.6℃/h,而后保温。要特别注意,烘烤火焰不能接触预制块。图 5-17 是内燃式热风炉陶瓷燃烧器烘烤曲线的实例。

H　热风炉烘炉应注意的问题

在烘炉过程中,为保证烘炉品质,应注意以下问题:

(1) 烘炉必须连续进行,严禁停歇。

(2) 烘炉废气温度不得大于 350℃。

(3) 炉顶温度大于 900℃,可向高炉送风供高炉烘炉。在高炉烘炉过程中,是热风炉烘炉的继续,炉顶温度应逐渐升高,严禁过快。

(4) 烘炉时,应定时分析废气含水量。根据水分的情况决定各恒温期的长短。

(5) 烘炉时,应严密注视炉壳膨胀情况,避免损坏设备。

(6) 烘炉开始应采用木柴或焦炉煤气引燃,预防煤气爆炸。

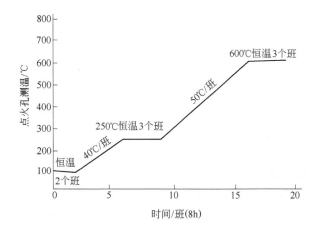

图 5-17 内燃式热风炉陶瓷燃烧器烘烤曲线

（7）装有陶瓷燃烧器的热风炉烘炉，为保证炉顶温度稳定上升，烘炉初期可采用炉外燃烧的废气进行烘烤，或采用煤气盘用焦炉煤气烘烤。

I 烘炉过程中异常情况的处理

在热风炉烘炉过程中，会出现许多异常情况，主要有：

（1）在烘炉过程中，发生突然升温太快。其处理方法有：

1）立即采用减少煤气量，或增加空气量的办法控制升温速度。

2）倘若采用各种措施后，在较长时间内炉顶温度仍高于规定值，不要强制压回，可在原地等待进度。

（2）在烘炉过程中，炉顶温度升温过慢，怎样调节也达不到规定进度。其处理方法有：

1）停止一味地强烧。

2）寻找温度上不去的原因，观察煤气量使用情况、检测设备是否准确。

3）待原因查清后，再按烘炉曲线升温。

（3）在烘炉过程中，自动灭火。其处理方法有：

1）重新点火。

2）如点不着要查找原因，分别给予处理。由于烟道积水，将积水抽净即可。因为烟道温度低，无抽力，这种现象一般发生在烘炉初期，可启动助燃风机，吹 3～5 min，使烟道中的气体流动起来；也可在烘炉以前烘一下烟囱。若是烘炉后期灭火，主要是烟囱高度不够，抽力不足；或是两座高炉共用一座烟囱，互相影响所致，可采用强迫燃烧烘炉。若炉顶温度上升的太快，可用间歇烧炉的方式烘炉。温度应大体上控制在烘炉曲线要求的范围内。

（4）在烘炉过程中，突然出现煤气中断或助燃风机停转。其处理方法有：

1）立即将热风炉的各阀门关闭，只开废风阀保温。

2）故障排除后再恢复烧炉。

5.3.3.2 热风炉的保温

在高炉停炉或热风炉需要检修时对热风炉进行保温，重点是硅砖热风炉的保温。

硅砖在 600℃ 以下体积稳定性不好，不能反复冷、热；因此，在高炉休风时间较长，热风炉停止使用时，要求保持热风炉硅砖的温度不低于 600℃。如何保持硅砖砌体温度不低于 600℃，而废气温度又不高于 400℃，需根据停炉的时间、检修的部位和设备，采用不同的保温方法。如鞍

钢热风炉保温操作的经验是:

(1) 高炉休风在 6 天以内,热风炉需要检修的项目较多,在休风前将热风炉烧热,炉顶温度烧到允许的最高值即可。

(2) 高炉休风在 10 天以内,热风炉又没有什么检修项目;在高炉休风前将热风炉送凉,特别是将废气温度压低;保温期间炉顶温度低于 700℃ 就烧炉,可以保持 10 天,废气温度不超过400℃。

(3) 如果保温的时间在 10 天以上,炉顶温度低于 750℃,就烧炉加热;废气温度高于 350℃,就送风冷却;热风由热风总管经倒流排放到大气中。为了避免热风窜到高炉影响施工,在倒流休风管和高炉之间的热风管内砌一道挡墙。

当热风炉炉顶温度降到 750℃ 时,就强制烧炉,再次烧炉时间为 0.5~1.0 h,炉顶温度达到1100~1200℃。当废气温度达到 350℃ 时,就送风冷却,冷风量为 100~300m³/min,风压为5 kPa,冷风由其他高炉调拨或安装通风机。操作程序和热风炉正常工作程序一样,各座热风炉轮流燃烧送风。每个班每座热风炉约换炉一次。这种燃烧加热保持炉顶温度、送风冷却控制废气温度的做法,称为"燃烧加热、送风冷却"保温法。这种保温方法是硅砖热风炉保温的一项有效措施,生产实践也证明了这一点。鞍钢 6 号高炉中修一个月,对硅砖热风炉采用了"燃烧加热、送风冷却"保温法,获得了成功;鞍钢 10 号高炉新旧高炉转换,停炉期间,也采用此法,保温 138天,效果也非常好。

5.3.3.3　热风炉的凉炉操作

热风炉从生产的高温状态降至常温的过程为热风炉的凉炉操作。凉炉操作与烘炉操作相似,关键是不能冷却太快以免造成损坏。凉炉速度要根据耐火材料的性质、检修的部位等因素来确定。一般高铝砖和黏土砖的热风炉,整个凉炉过程需要 4~5 天;硅砖热风炉的凉炉时间短则20~30 天,长则 80~90 天;前者用冷风凉炉,后者是自然缓冷。

A　高铝砖、黏土砖热风炉的凉炉

(1) 热风炉组中只有一座热风炉的内部砌体需进行检修时的凉炉,首钢的凉炉经验如下:

高铝砖、黏土砖的热风炉,整个凉炉过程共需 4 天,为了合理地加快凉炉速度,可以用热风炉通风的办法进行凉炉,通常称为混风凉炉。具体步骤是:

1) 待修炉在最后一次送风时,炉顶温度降至 1000~1050℃,然后换炉,换炉后关闭混风阀,利用待修热风炉作混风炉,其冷风阀当作风温调节阀,不许全闭。

2) 在待修炉做混风的过程中,其余两座热风炉轮流送风。经过 3 个周期后,将风温降至比正常风温低 200℃(高炉相应减负荷),待修炉继续做混风使用。

3) 当待修炉顶温度降至 250℃ 时,停止作混风炉,关闭其冷、热风阀,打开废风阀、烟道阀,然后启动助燃风机,继续强制凉炉。

4) 拱顶温度由 250℃ 降到 70℃ 后,助燃风机停机,凉炉完毕。

5) 待修炉顶温度由 1000℃ 降至 250℃,需要 55~60 h;由 250℃ 降至 50~70℃,需要 48~50 h;至此共用 4.5 天时间。

采用此法凉炉的优点是:

1) 方法简单,容易控制,可以缩短凉炉时间。

2) 凉炉均匀,可防止因冷却不均匀,或局部冷却速度过快造成耐火材料发生裂缝。

3) 充分利用了被凉炉贮存的剩余热量。

(2) 高炉大修、中修时热风炉组全部检修的凉炉。鞍钢的凉炉经验如下:

1）在高炉停炉过程中，尽量将热风炉送凉。在高炉允许的情况下尽量降低其炉顶温度和废气温度。

2）用助燃风机强制凉炉，直至废气温度升高到允许的最高值，停助燃风机凉炉。

3）打开炉顶人孔用其他高炉调拨的冷风继续凉炉，或由通风机从箅子下人孔通风代替其他高炉拨风。被加热的冷风由炉顶人孔排入大气中。

4）当热风炉炉顶温度不再下降，与高炉冷风温度持平后，再开助燃风机强制凉炉。一直凉到炉顶温度低于60℃为止，这种凉炉方法需要8～9天。

5）用此法凉炉须注意：在整个凉炉过程中，烟道的废气温度不得高于350℃规定值，以免将炉箅子、支柱烧坏；用高炉冷风凉炉时，风量不要过大，以免将炉顶人孔烧变形；在用助燃凉炉时，应注意鼓风马达的电流情况，如过大应关小吸风口的调风板，以免将鼓风马达烧坏。

  B 硅砖热风炉的凉炉操作

硅砖具有良好的高温性能，且低温（600℃以下）稳定性较差。过去，硅砖热风炉一旦投入生产，就不能再降温到600℃以下，否则会因为突然收缩，造成硅砖砌体的溃破和倒塌。经国内外大量的试验研究，硅砖热风炉的凉炉，大体上有两种方式。

（1）自然缓冷凉炉：日本福山厂3号高炉和小仓厂1号高炉的硅砖热风炉，分别用150天和120天成功地完成凉炉。

日本小仓厂1号高炉2号内燃式热风炉是硅砖热风炉，计划供两代高炉使用，进行了以冷却代替保温的试验：400℃以上燃烧冷却，400℃以下自然冷却，凉炉温度曲线见图5-18；在收缩度较大的500℃温度点，恒温8天；500℃以下的晶格变化点降温更缓慢。

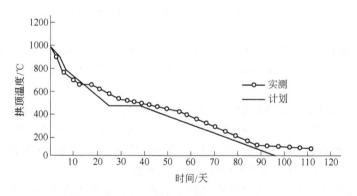

图5-18 凉炉温度曲线

凉炉中及凉炉结果调查结果表明，隔墙、拱顶、格子砖砌体均完好无大损，格孔贯通度良好，有再使用的可能。调查结果列于表5-6。

表5-6 小仓高炉硅砖热风炉凉炉调查结果

部 位	调 查 结 果
拱顶砖	1. 龟裂17处，长度共约58 m，宽度共约200 mm，认为大概是升温时即已造成 2. 相对于缓凉开始时，下沉30～50 mm
格子砖	1. 相对于筑炉时，下沉60 mm 2. 用照明法检测，冷却后格孔贯通率83%
隔 墙	无龟裂、变形等损伤
阻损变化	阻损有若干增加，但操作时煤气量可充分保证

(2)快速凉炉:硅砖热风炉用自然缓冷凉炉是成功的,但由于工期所限,自然缓冷来不及,进行了快速凉炉的尝试。鞍钢 1985 年在 6 号高炉硅砖热风炉上进行了快速凉炉的试验,用 14 天将炉子成功地凉了下来,采用的凉炉曲线如图 5-19 所示,基本上是烘炉曲线的倒置,只是速度加快了一些。

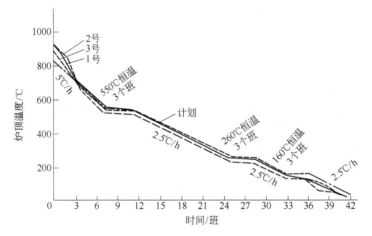

图 5-19 鞍钢 6 号高炉硅砖热风炉凉炉曲线

凉炉的具体操作:

1)在高炉停炉空料线期间,热风炉不再烧炉,炉顶温度由 1350℃逐渐降到 900℃。

2)高炉停炉休风后,采用高炉送风的流程(注意不开热风阀),将其他高炉的冷风拨入热风炉,从陶瓷燃烧器上的人孔排放。

3)在凉炉期间要严格按凉炉曲线降温,可以通过拨风量的大小和高炉放散阀的开度来控制凉炉的总进度;利用各热风炉冷风阀的开启度、排风口和人孔盖的开启度来调节各座热风炉的降温速度。

4)拱顶按规定凉炉曲线逐渐降温,此时要特别注意硅砖与黏土砖(或高铝砖)交界面的温度变化,如果与炉顶温度的差值太大,可适当地降低热风炉凉炉速度,并增加恒温时间。

凉炉后对硅砖砌体进行调查,经专家鉴定,3 座热风炉的大墙、拱顶、连接管、缩口、燃烧室等全部砌体可以继续使用,说明硅砖热风炉快速凉炉是可行的。

首钢仍然用混风凉炉方法对硅砖热风炉进行凉炉,只是凉炉速度放慢一些。首钢 2 号高炉 1 号顶燃式热风炉的硅砖炉顶,从建成投产到目前,上部格子砖已经更换了 3 次,但炉顶从未动过,至今已使用 25 年,每次凉炉都是采用混风凉炉的方法。

5.4 提高热风温度的途径

5.4.1 高风温对冶炼的影响

提高热风炉的热风温度是降低焦比和强化高炉冶炼的重要措施。尤其是现代高炉采用喷吹技术后,对高风温的需要就更为迫切,高风温可以为提高喷吹量和喷吹效率提供有利条件。据统计,风温在 950~1350℃之间,每提高 100℃风温可以降低焦比 8~20 kg/t,增加产量2%~3%。

5.4.1.1 高风温与降低焦比的关系

高炉冶炼过程,由热风带入的热量占高炉热量总收入的 20%左右。风温提高,鼓风带入的物理热增加,可以降低焦比。但风温水平不同,焦比降低的幅度不尽相同。风温与焦比的关系见表 5-7。

表 5-7 提高风温与降低焦比的关系(风温每提高 100℃,对焦比的影响)

风温水平/℃	600~700	700~800	800~900	900~1000	1000~1100
焦比/kg·t^{-1}	860~800	800~752	752~719	719~600[①]	600~570[①]
降焦/kg·t^{-1}	60	48	33	30	28
焦比降低/%	7	6	4.4	4.2	4.7

①为喷吹燃料条件下的燃料比。

提高风温降低焦比的根本原因是:

(1)风温提高后,鼓风带入的物理热增多,可代替部分由焦炭燃烧所产生的热量,而且由鼓风带入的物理热在高炉下部可以全部被利用。

(2)风温提高后,由于焦比的降低,单位生铁的煤气量减少,高炉炉顶的温度有所降低,因而煤气带走的热量损失也减少了。在降低焦比的同时提高了高炉产量,使单位生铁的热量损失也降低。

(3)风温提高可使高温区下移,中温区扩大,在一定的条件下,有利于间接还原的发展。

(4)风温提高后,鼓风动能增大,有利于吹透中心,活跃了炉缸,也改善了煤气能量的利用,从而降低焦比。

5.4.1.2 高风温与喷吹燃料的关系

高炉随着喷吹技术的发展,使用高风温更为重要。从风口喷入炉内的燃料温度比风口前焦炭的温度要低得多,燃料从常温加热到燃烧温度所需要的热量较多,因此喷吹燃料需要高风温相配合。生产实践表明,风温在 1000℃时,喷吹 1 kg 重油需补偿风温 1.6~2.3℃,喷吹 1 kg 煤粉需补偿风温 1.3~1.8℃。因此,喷吹燃料后燃烧带温度降低。提高风温是维持正常冶炼炉缸需要的燃烧温度,也是提高喷吹物置换比的有效措施。提高风温不仅增加了炉缸的热量来源,提供了一定的补偿热量,又可以确保燃烧带具有较高的温度水平,从而加快了燃料燃烧反应,有利于喷吹物的热能和化学能的充分利用。据统计,100℃风温能影响理论燃烧温度 74℃左右。

如首钢生产实践:风温水平在 1000℃以上时,高炉的吨铁喷煤量在 140~150 kg/t,相当于总燃料量的 30%左右;风温水平在 900℃时,喷吹量只能达到 20%左右;若风温低于 900℃,喷吹量将明显减少。

5.4.1.3 高炉接受高风温的条件

当风温提高到一定水平后,如果不采取相应措施,将影响到炉况的顺行。主要原因是:

(1)风温提高后,炉缸温度随之升高,高温区域下移,炉缸煤气体积膨胀,流速增大,高炉下部的 Δp 增大,不利于顺行。

(2)风口燃烧区有挥发物 SiO 逸出,当风口前温度超过 2000℃后,大量 SiO 随煤气上升,到达炉腹以上的低温区域时,部分 SiO 又凝结为细小的颗粒沉积于炉料的空隙之中,严重恶化了料柱的透气性,导致炉况不顺。

通过以上分析可以看出,高炉要接受高风温,必须解决上述两个问题。因此,凡是能降低炉缸燃烧温度和改善料柱透气性的措施,都有利于高炉接受高风温。

(1)改善原燃料条件 精料是高炉接受高风温的基本条件。只有原料强度好,粒度组成均匀,粉末少,才能在高温条件下保持顺行。

（2）喷吹燃料 喷吹的燃料在风口前燃烧时分解、吸热，使理论燃烧温度降低，高炉容易接受高风温。喷吹的燃料在风口燃烧区域燃烧，需要提高风温进行热量补偿。补偿的温度为：

$$\Delta t = \frac{Q_解 + Q_{1500}}{V_风 C_风^t} \tag{5-3}$$

式中 Δt——补偿温度，℃；

    $Q_解$——喷吹物的分解热，kJ/t；

    Q_{1500}——将喷吹物温度提高到1500℃所需的热量，kJ/t；

    $C_风^t$——鼓风温度在 t℃时的热容，kJ/($m^3 \cdot$℃)；

    $V_风$——单位生铁的风量，m^3/t。

（3）加湿鼓风 鼓风中水分分解吸热，使理论燃烧温度降低，需要提高风温进行补偿。

$$H_2O \rightarrow H_2 + 1/2O_2 \quad \Delta H = +240000kJ（即 13000\ kJ/kg）$$

鼓风温度在900℃时，比热容为1.4 kJ/($m^3 \cdot$℃)，因此，1 m^3 鼓风中加入1 gH_2O需要提高风温9.3℃。分解出的 H_2，在高炉上部参加还原反应又转化为 H_2O，放出相当于3℃热风的热量。故每增加1 gH_2O/m^3，要提高6℃风温进行补偿。

（4）搞好上下部调剂，保证高炉顺行 只有在高炉顺行的情况下才可提高风温。

5.4.2 影响风温的因素

高炉炼铁要求热风炉最好能提供1200℃以上的热风，从而为提高喷吹量和降低燃料比创造条件。影响风温的因素主要是热风炉拱顶温度、风温与顶温的差值。

5.4.2.1 拱顶温度

提高拱顶温度，可以提高风温，热风温度与拱顶温度的关系见图5-20。拱顶温度是风温最高水平的限制性环节。但是热风炉拱顶温度受所砌耐火材料的性能、所用燃料含尘量、燃料燃烧所能达到的温度、燃烧过程中产物中 NO_x 和 SO_x 腐蚀性介质含量等因素的限制。一般拱顶温度比耐火砖荷重软化温度低100℃左右；对热风炉上部钢板起腐蚀作用的 NO_x，其生成温度为1400℃；煤气含尘量只要控制在10 mg/m^3 以下，对1200℃以上风温不会构成影响。所以，选用硅砖或低蠕变高铝砖砌筑拱顶，拱顶温度可以达到1500℃；在采取预防 NO_x 和 SO_x 对钢结构晶间应力腐蚀的有效措施后，送风温度达到1350℃。因此，现在限制拱顶温度的主要是煤气的发热值。随着高炉冶炼技术和操作水平的提高，高炉煤气的热值已降到3000 kJ/m^3，使用单一高炉煤气，风温无法达到1200℃。

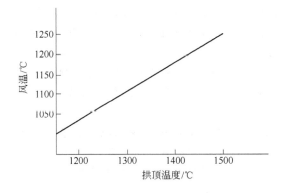

图 5-20 热风温度与拱顶温度的关系

5.4.2.2 风温和拱顶温度的差值

缩小拱顶温度与风温的差值是提高风温的有效措施。我国高炉热风炉的拱顶温度一般在1250～1350℃;由于生产条件的限制,拱顶温度与风温的差值相当高,在200℃左右,有些高炉甚至在250～300℃;如果将差值缩小100～150℃,风温就可相应提高50～100℃,甚至提高150℃。

5.4.3 提高风温的措施

提高拱顶温度、缩小风温和拱顶温度的差值,都会提高风温。因此,只要是能提高拱顶温度,缩小风温与拱顶温度差值的措施,都能提高风温。

5.4.3.1 提高拱顶温度的措施

热风温度与热风炉炉顶温度一般相差150～200℃,炉顶温度与理论燃烧温度相差70～90℃。通常,提高理论燃烧温度,炉顶温度也会相应提高。

A 提高煤气的发热值 $Q_低$,提高理论燃烧温度

提高煤气发热值的方法有:

(1) 在高炉煤气中配入一定量的焦炉煤气或天然气;

(2) 采用高炉煤气富化法。

高炉煤气富化法是用变压吸附技术脱除高炉煤气中 CO_2、N_2、H_2O 等成分,提高 CO 的浓度,增加发热值。

气体吸附分离的原理:在一定温度和较高压力下,吸附剂对气体混合物中的部分组分选择吸附,完成选择吸附之后的组分从吸附塔出口送出;在压力降低时,被吸附的组分又脱附出来,从塔底排出,吸附剂得到再生,这就是变压吸附(PSA)。吸附剂的吸附力较强,常压下对被吸附的气体不能完全解吸;在真空条件下,吸附床形成一定的负压,吸附剂中的气体被迫解吸,这就是负变压吸附(VSA)。本技术就是应用 PSA 和 VSA 工作原理,除去高炉煤气中的大部分 CO_2 和 N_2 而富化 CO,达到提高煤气热值的目的。

B 预热助燃空气和煤气,提高理论燃烧温度

利用热风炉废气的热量预热助燃空气和煤气,能有效地提高理论燃烧温度,进而提高热风温度;回收废热,可以降低高炉能耗,降低焦比。高炉燃料比降低以后,高炉煤气的热值也随之降低;对于那些使用低发热值煤气的热风炉,通过预热助燃空气和煤气提高风温显得更为必要。

预热助燃空气对理论燃烧温度的影响列于表 5-8 中。从表 5-8 可以看出,对于热值在 3768 kJ/m³ 的高炉煤气,若助燃空气温度提高 100℃,煤气理论燃烧温度相应提高约 35℃;若理论燃烧温度由 1350℃ 提高到 1500～1600℃,助燃空气的预热温度要达到 700～800℃。

表 5-8 几种热值的煤气在不同助燃空气温度时的理论燃烧温度 $T_理$(℃)

煤气低发热值	助燃空气预热温度/℃								
$Q_低$/kJ·m⁻³	20	100	200	300	400	500	600	700	800
2931	1185	1208	1237	1266	1296	1326	1357	1389	1421
3349	1294	1319	1351	1383	1416	1449	1483	1518	1553
3768	1394	1421	1466	1491	1526	1563	1599	1634	1673

煤气预热对理论燃烧温度的影响见表 5-9。预热煤气的效果优于预热助燃空气;这是由于煤

气的体积多于助燃空气,即空气与煤气之比小于1。从表5-9中可以看出,煤气预热温度每提高100℃,理论燃烧温度可以提高48℃,效果显著。煤气预热温度过高,势必存在一定的安全隐患,一般预热温度不超过200℃。此外,还要考虑换热器的阻力损失,由于煤气的气压受管网等因素的影响而偏低,所以在预热煤气时,尽可能降低换热器的阻损,并尽可能提高煤气压力。

表 5-9　几种热值的煤气在不同预热温度时的理论燃烧温度 $T_{理}$(℃)

煤气低发热值 $Q_{低}/kJ \cdot m^{-3}$	煤气预热温度/℃				
	35	100	200	300	400
2931	1185	1219	1270	1322	1375
3349	1294	1325	1373	1422	1472
3768	1394	1424	1469	1515	1562

空气和煤气同时预热,理论燃烧温度提高的幅度是两者的叠加。例如:煤气的燃烧热值 $Q_{低}=3349\ kJ/m^3$,助燃空气和煤气同时预热至200℃,则两者理论燃烧温度分别提高57℃和79℃,那么理论燃烧温度可提高57+79=136℃。

a　预热助燃空气和煤气的方法

(1)利用热风炉废气余热预热　热风炉热损失主要部分是燃烧废气的热损失。通过热交换回收废气余热,将其用于预热煤气和助燃空气,既提高了热风炉的热效率,又可提高燃烧温度,最终获得高风温。但这种方法受可回收热量的限制,风温的提高很有限。用于回收余热的换热器种类很多:如马钢用的回转式换热器、攀钢的板式换热器、鞍钢等很多厂则用热管式换热器、本钢和柳钢等使用热媒式换热器等。但是使用最多的是以热水为介质的热管式换热器,它又分为整体式和分离式两种。

(2)利用热风炉自身的热量预热　热风炉送风的风温低于供风要求之后剩余的热量用于预热助燃空气。这部分余热温度高、贮量大,预热温度最高可达800℃,预热空气烧炉 $T_{理}$ 可提高到1550℃以上,风温可送到1300~1350℃。

若高炉有3座热风炉,可采用1烧1送1预热的工作制度;有4座热风炉的高炉则可采用2烧1送1预热的工作制度。

具体操作是:1座热风炉烧好后,给高炉送风,送风完毕,改为预热助燃空气;预热后再转为燃烧;如此循环,热风炉的工作周期为燃烧、送风和预热助燃空气3个时期。在助燃空气预热到800℃时,拱顶温度要多降低30℃左右。

助燃空气预热的温度由助燃空气调节阀控制。燃烧器空气进口,在预热期作为热空气出口;预热用的炉子向其他燃烧的炉子输送预热风。利用热风炉余热预热助燃空气,为使用低热值高炉煤气获得高风温开辟了新的途径,但这种方式只能预热空气,不能预热煤气。用热风炉自身预热助燃空气后,热风炉在设备上要做适当改造:

1)增设助燃风冷风阀、助燃风热风阀、助燃风管道。

2)燃烧器能力要扩大,因为增加预热助燃空气后,燃烧期缩短,拱顶温度降得多了,因此需要快速烧炉来弥补燃烧期的缩短、拱顶温度的降低。

3)助燃风机的风压要提高,一是弥补预热通过热风炉所增加的压头损失;二是为满足快速燃烧的需要。

自身预热法要多消耗约15%的煤气,烟气量增大,烟气带走的热量也相应增多。因此,最好的方案是另设余热回收装置预热煤气。

生产实践也证明,利用热风炉自身的热量预热助燃空气,可以获得很好的效果。例如鞍钢10 号高炉自身预热系统于 1995 年 8 月投入运行,助燃空气预热温度提高到 600℃,风温达到1200℃;操作制度为"2 烧 1 送 1 预热"。由于热风短管和总管存在一定缺陷,不能适应 1200℃高风温,因此将助燃空气预热温度降至 400℃,风温水平维持在 1100℃。

(3) 设置专门的燃烧炉和高效金属换热器预热 有两种方案实施预热:一是燃烧炉形成的高温烟气完全通过专门的换热器加热助燃空气和煤气;另一是燃烧炉形成的高温烟气引入热风炉烟道,将废气勾兑成 600℃ 高温烟气,再经换热器加热煤气和助燃空气。国外广泛采用前置换热器的方案,我国鞍钢采用混合烟气,通过金属换热器预热煤气和助燃空气;温度达到 300℃,高炉煤气发热量为 3000～3200 kJ/m³ 的情况下,可得 1150～1180℃ 的风温。

b 预热助燃空气和煤气的操作

首钢在 3 号高炉和 1 号高炉热风炉上,分别使用了整体式热管空气预热器预热助燃空气和煤气,1 号高炉空气热管换热器的操作是:

(1) 在热管换热器开车运行之际,冷流体首先通过换热器的冷凝段,而后开启换热器蒸发段管路的阀门,热流体通过换热器的蒸发段。

(2) 停车时,首先切断通过热管换热器蒸发段的热流体的通路,而后切断冷流体的通道。如遇紧急事故停车,应按上述程序操作。在修理或设备动火时,处理办法与煤气设备的吹扫、开人孔、检测、卡盲板等相同。

(3) 空气预热操作的投入运行工作顺序是:

开空气进口阀→开空气出口阀→关空气旁通阀→开废气进口阀→开废气出口阀→关烟道大板。

停止运行工作顺序是:

开烟道大板→关废气进口阀→关废气出口阀→开空气旁通阀→关空气进口阀→关空气出口阀。

首钢 3 号高炉热风炉空气、煤气双预热操作是:

(1) 温度控制:烟气温度 130～280℃。

(2) 准备工作:检查系统电气、仪表、阀门控制系统达到正常;热风炉系统运行要正常稳定;热风炉总烟道参数满足以下条件:

烟气温度:烟气温度高于 200℃ 而低于 280℃;

烟气流量:热风炉正常燃烧情况下,烟气流量大于 80%。

(3) 投入运行的操作,原则上先开冷段阀门,后开热段阀门:

1) 开启助燃空气换热器(冷凝段)的进出口阀门;

2) 煤气换热器冷凝段通蒸汽,打开放散见蒸汽后,开换热器煤气进口阀门,放散见煤气后关蒸汽,开换热器出口阀门;

3) 开启换热器加热段 φ4000 mm 进出口阀门和煤气换热器 φ3200 废气进口阀门;

4) 待助燃空气冷凝段出口温度上升,关闭助燃空气旁路阀门;

5) 检查煤气换热器蒸汽上升管各测点温度,待各测点温度上升后,关闭煤气主管旁通阀门;

6) 煤气换热器各点温度和助燃空气换热器出口温度正常后,逐渐关闭主烟道内阀门;

7) 调节燃烧炉的空、煤气配比和焦炉煤气富化比,达到正常燃烧;

8) 双预热系统投入后,全面进行检查;

9) 观察预热系统各监测点温度和风压,每小时记录一次。

(4) 停止运行的操作,原则上先执行热段操作,后执行冷段操作:

打开主烟道阀门→关闭预热器两端 φ4000 mm 废气阀门→开启助燃空气和煤气主管路的旁路阀门→关闭助燃空气换热器冷凝段进出口阀门→关闭煤气换热器冷凝段进出口阀门。

（5）煤气换热器系统发生故障，可单独停用。停预热煤气系统的操作是：

打开主烟道阀门→关闭煤气换气器加热段烟气进口 $\phi3200$ mm 阀门→打开煤气主管路 $\phi2200$ mm 旁通阀→关闭煤气换热器冷凝段进出 2 个 $\phi2200$ mm 切断阀和 2 个盲板阀→煤气换热器冷凝段通蒸汽，开放散，打开人孔→根据燃烧状况，调节主烟道阀门达到正常。

（6）若助燃空气预热系统发生问题，不能单独停止运行。按第（4）项"停止运行操作"执行。

（7）注意事项：

1）双预热系统运行中，主烟道温度不得超过 280℃；在短时间超过 280℃，打开主烟道阀门分流；

2）主烟道温度不得低于 130℃，低温时逐渐打开助燃空气和煤气主管路的旁通阀，待烟道温度升到 180℃ 以后，逐渐关闭旁通阀转为正常运行；

3）运行一段时间后，残留于管束内的不凝性气体会聚集，导致单片管束传热性能下降。若发现温度有所下降，根据初调程序开启顶部排气阀排气，恢复性能；

4）换热器正常停车，严格遵守先停热段，后停冷段的原则；

5）高炉停风时，打开主烟道阀门。

C　减少燃烧产物提高理论燃烧温度

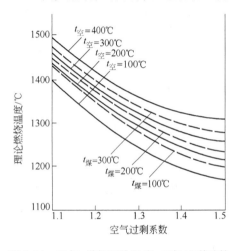

图 5-21　空气、煤气预热温度、空气过剩系数与理论燃烧温度的关系

富氧燃烧或减小空气过剩系数，均减少燃烧产物，从而获得较高的理论燃烧温度。在相同条件下，理论燃烧温度随着空气过剩系数的降低而升高，见图 5-21 所示。但这一措施使废气量减少，对热风炉中下部热交换不利。

5.4.3.2　缩小风温与拱顶温度差值的措施

A　适当增加蓄热面积和砖量

目前，格子砖式热风炉是砖量足够而蓄热面积小，可采用小格孔的办法来增加蓄热面积；而球式热风炉是蓄热面积有余而砖量不足，可采用上部大球、下部小球的办法来增大砖量。

B　提高废气温度

提高废气温度，可以增加热风炉的蓄热量。因此，减少周期性的温度降落，是提高热风温度的一项措施。在保持顶温不变的情况下，废气温度每提高 100℃，风温可提高 40℃。废气温度受炉箅子和支柱所承受的温度和热风炉热效率的制约。在现代的技术条件下，这两个问题是不难解决的；改进箅子和支柱材质，选用耐热铸铁制作，可承受 500℃ 的温度；这样高温废气可使助燃空气和煤气预热到 250℃ 左右，回收了废气的热量，又提高了热风炉的热效率。由于双预热，拱顶温度又提高了 200℃，废气温度提高 150℃；由此风温可以再提高约 60℃。

C　缩短送风期，增加换炉次数

缩短送风周期，缩小了送风初期与末期的风温差值，加强了热风炉下部的热交换，风温得到提高。缩短送风周期也缩短了烧炉时间，增加换炉次数，换炉占用的时间增加，进一步缩短了烧炉时间。如果热风炉的燃烧能力、煤气供应能力不足以保证提高燃烧强度来弥补燃烧时间缩短引起的热量的减少，则风温水平反而会降低。所以，缩短送风期、增加换炉次数是有条件的，不是所有热风炉都能采用这一措施。

复习思考题

1．热风炉的操作方式有哪些？

2．不同的热风炉组，采用的送风制度有哪些？

3．热风炉烧炉时炉顶温度和烟道温度是如何确定的？

4．炉顶温度和烟道温度与风温的关系如何？

5．热风炉燃烧制度有哪些，各种燃烧制度的特性如何？

6．热风炉快速烧炉法的调火原则是什么？

7．如何通过燃烧火焰来判断燃烧是否正常？

8．热风炉"三勤一快"的操作内容是什么？

9．热风炉的操作要求有哪些？

10．试述内燃式热风炉的换炉操作。

11．试述外燃式热风炉的换炉操作。

12．高炉休风是如何分类的？

13．试述热风炉倒流休风的操作。

14．试述热风炉的停风操作和送风操作。

15．试述热风炉的送气操作。

16．试述助燃风机开、停机操作。

17．热风炉烘炉的准备工作有哪些？

18．热风炉烘炉的具体要求有哪些？

19．不同耐火材料的热风炉如何烘炉？

20．硅砖热风炉的烘炉曲线中各个恒温阶段的作用是什么？

21．热风炉烘炉应注意的问题有哪些？

22．什么是"燃烧加热、送风冷却"保温法？

23．硅砖热风炉的凉炉操作方法有哪些？

24．提高风温降低焦比的根本原因是什么？

25．高炉接受高风温的条件是什么？

26．影响风温的因素有哪些？

27．提高拱顶温度的措施有哪些？

28．预热助燃空气和煤气的方法有哪些？

29．采用热风炉自身预热助燃空气后，热风炉在设备上要做哪些改造？

30．缩小风温与拱顶温度差值的措施有哪些？

6 热风炉事故处理及设备维护

6.1 热风炉主要阀门故障

热风炉系统的阀门由于转换频繁,工作环境灰尘大,在使用过程中要经常检查,发现损坏要及时更换。有些阀杆还要经常擦拭,加油润滑。对于水冷的阀门,要注意不能断水,以防烧坏。

6.1.1 换炉过程中阀门开关失灵的处理

首先检查电气部分,然后检查机械部分:

(1)阀门开关失灵。要判断原因。及时与有关维修人员联系处理,并改手动操作。如果由于处理事故而延长时间,风温低于规定值时,改用另外一座炉子送风,之后再继续处理。

(2)热风阀关不严。经几次开关仍无效,可能是阀槽内有杂物卡住或阀柄变形,需要停风处理;将阀帽、阀柄取下清理或更换新设备;如果没有条件停风,待此炉停下之后停风处理。

(3)换炉当中的违规操作。1)在开废风阀的同时又打开了冷风阀,应及时停止放风,关闭废风阀和冷风阀;2)没有关热风阀或冷风阀就打开了废风阀,也应及时停止放风,关上冷风或热风阀;以免处理不当给高炉带来重大损失。

(4)生产中高炉放风阀打不开,又要进行停、放风操作。这种情况下热风炉应按以下程序配合高炉操作:

1)接工长通知后,立即全部停烧,并关闭混风阀。

2)完成以上操作后,打开一个通风炉的废风阀为高炉放风;注意观察数据,保持与工长的联系。

3)一个通风炉废风阀不够用,在工长指令下将停烧后的燃烧炉进行均压,打开冷风阀和废风阀。

4)接工长停风指令后关闭热风阀;接工长回压指令后开回压阀;严禁使用热风炉回压。

5)停风后通知工长,手动打开高炉放风阀。

6)在打开高炉放风阀后,热风炉全部恢复正常停风状态。

7)送风时按正常操作送风。禁止在高炉放风阀关闭的状态下非正常送风。

6.1.2 烟道阀故障

(1)烟道阀被砖卡住关不严,可打开烟道阀下部开口,掏出碎砖;

(2)烟道阀掉道脱轨,可拆掉阀帽重新安装复位;

(3)阀体变形或有部件损坏,可换新阀。

6.1.3 热风阀故障

6.1.3.1 热风阀烧坏的原因

热风阀烧坏的原因是断水。造成断水的原因主要有:

(1) 由于冷却水水压变化;

(2) 由于进、出水管结垢后堵塞所致;

(3) 热风阀阀板、阀圈内部结垢,或有沉积物堵塞,造成局部过热,产生变形和裂纹,使其寿命缩短,甚至将热风阀烧坏。

6.1.3.2 热风阀停水

热风阀停水应采取以下措施:

(1) 若燃烧炉停水,停止燃烧,改小送风;若送风炉停水,关小冷风阀,也改为小送风,热风阀全打开;

(2) 迅速与配管维护人员联系处理。

6.1.3.3 热风阀漏水

热风阀漏水的表现:出水量明显减少或断水;出水水温明显升高;出水中带有气泡;阀柄出水软管振动。

热风阀漏水的原因:水质差;水压低造成局部结垢;设备使用周期过长。

热风阀漏水对炉子有以下坏处:

(1) 影响热风支管、热风炉衬砖和燃烧器寿命;

(2) 引起热风温度降低;

(3) 造成燃烧室下部温度过低,引起点炉爆震;

(4) 给高炉送风时,湿分太高,引起高炉炉况波动。

若发现热风炉热风阀大量漏水时,又没有备品,可在短时间内改用通蒸汽临时维持。

6.1.3.4 热风阀关不严,下部掉砖卡住

热风阀关不严,下部掉砖卡住,应采取以下措施:

(1) 拆掉手阀柄的钢绳;

(2) 用导链将阀柄提起;

(3) 用钢管顶住阀柄拉杆;

(4) 摘下导链;

(5) 突然打掉钢管,使阀砸碎砖块,一次不行,可反复两次、三次。

6.1.3.5 阀变形或水圈变形,阀关不严

当遇到阀变形或水圈变形,阀关不严时应采取以下措施:

(1) 高炉倒流休风;

(2) 开该热风炉烟道阀;

(3) 换热风阀;

(4) 热风阀外法兰上紧后即可送风。

6.1.3.6 热风阀柄变形

热风阀柄变形表现为燃烧时向热风炉内窜风。

热风阀柄变形将造成:燃烧期影响高炉风量;影响烧炉顶温;助燃空气量偏大等。

热风阀柄变形,应及时休风更换。

6.1.4　煤气切断阀漏气

煤气切断阀漏气表现为:燃烧时不好点火;送风时煤气外漏。

煤气切断阀漏气的原因:密封圈损坏;轴销掉了或阀柄变形等。

煤气切断阀漏气的后果:煤气外逸,引起煤气中毒;严重时还会造成煤气爆炸。

发现煤气切断阀漏气应及时组织停气检修或更换。

6.1.5　煤气闸板阀、煤气调节阀故障

(1) 煤气闸板阀关不严:可用调节阀暂时代替闸板行使功能,并尽快进行更换或检修。

(2) 煤气调节阀关不严:可用煤气闸板阀暂时代替行使功能,尽快进行更换或检修。

(3) 若煤气闸板阀坏了,在煤气调节阀下法兰堵盲板;若煤气调节阀坏了,需在煤气支管流量孔板处堵盲板;更换煤气闸板阀或调节阀后,抽出盲板即可恢复正常作业。

6.1.6　倒流管故障

高炉倒流休风时,由于倒流管掉砖或倒流阀本身有问题,不能倒流时或倒流出煤气量很少时,选择炉顶温度较高的热风炉进行倒流,其操作程序是:

(1) 关闭吸风口。

(2) 开热风阀。

(3) 在一般情况下,每座炉子倒流不得超过 30~50 min,否则应向高炉值班工长汇报,建议停止倒流。

6.2　高炉憋风、断风事故及处理

6.2.1　高炉憋风的处理

高炉憋风是高炉的恶性事故。鼓风机的自动放风阀失灵,极容易造成高炉灌渣,严重时还会憋坏风机,导致高炉长期停产。因此,绝对禁止憋风。

6.2.1.1　高炉憋风的原因

造成高炉憋风的原因是多方面的,一般有:

(1) 热风炉冷、热风阀全关。

(2) 冷、热风阀未开,放风阀全关,高压阀组全关(ϕ200 除外)。

(3) 除尘器煤气切断阀没开,关炉顶放散阀。

6.2.1.2　处理措施

(1) 阀门没动,发现憋风:热风压力降低,冷风压力升高,一定是热风炉憋风;应拉风,维持原冷风压力,避免憋坏风机。检查热风炉冷、热风阀,全开冷、热风阀。

(2) 换炉过程中发现憋风:立即全开送风炉冷、热风阀;如果冷、热风阀开不动,可开该炉废气阀,再开冷、热风阀;冷、热风阀仍然开不动,可通知高炉值班室减风,再开冷、热风阀。

(3) 因故造成高压调节阀组全关,导致高炉憋风:发现后立即减风;或开炉顶放散阀;然后立即查找问题,排除故障。

6.2.2 断风事故与处理

6.2.2.1 断风原因

造成断风的原因主要有以下几方面:

(1) 换错炉。在 2 烧 1 送时,先把送风改燃烧,造成断风。

(2) 前后操作不协调。燃烧改送风时,热风阀未打开又开冷风阀,关送风炉子的冷风阀,造成断风。

(3) 未听清高炉休风信号,又不等高炉拉开放风阀,就关送风炉子的冷、热风阀而造成断风。

(4) 热风阀绞车钢丝绳掉道,标尺到位但热风阀却没打开,造成断风。

6.2.2.2 处理措施

发现是因为热风炉操作不当而造成的断风,高炉风口又未灌死,此时首先迅速恢复送风。如已完全断风,开冷风阀或混风阀有困难时,要尽快拉开放风阀,然后再开冷、热风阀。如拖延时间过长(不大于 5 min)应将煤气切断后再复风。

6.3 煤气事故的预防与处理

煤气是无色、无味的气体,一旦泄漏在空气中不容易被察觉,从而容易引起煤气中毒、着火、爆炸等事故。这不仅破坏设备、给生产造成损失,而且还会危及操作人员的生命安全。因此,必须给予足够的重视,采取必要的措施,避免事故的发生。

在炼铁生产中经常使用高炉煤气、焦炉煤气、天然气等,它们都是有毒气体且易燃、易爆。

6.3.1 煤气中毒

6.3.1.1 煤气中毒的原因

通常所说的煤气中毒,实际上是一氧化碳中毒。煤气都含有一氧化碳(CO)成分。一氧化碳的密度与空气相近;一旦有煤气泄漏,一氧化碳在空气中,既不上升,也不下沉,能在空气中长时间滞留,与空气混合并随之流动,增加了与人体接触的机会。一氧化碳又是一种无色、无味的气体,人体感觉器官很难发觉它的存在,更易使人中毒。

人体吸入一氧化碳后,使血液失去携氧能力造成中毒。由于一氧化碳与血液中血红素的亲和力比氧与血红素的亲和力大 300 倍;在一氧化碳与氧气同时被人体吸入肺部时,全部或大部分一氧化碳很快地与血红素结合形成碳氧血红素;而且一氧化碳又很难从碳氧血红素中离解,其从血液中离解的速度较氧慢 3600 倍,这样就使血液失去了带氧能力,人体缺氧而中毒。人体由于缺氧会感到头晕、恶心、呕吐,甚至人事不省直至死亡。人体吸入的一氧化碳越多,缺氧就越严重,煤气中毒的程度就越重。人体中毒的反应见表 6-1。

表 6-1 空气中一氧化碳的含量与人体的反应

环境中一氧化碳浓度/mg·m^{-3}	连续作业时间	人体反应情况
30	8 h	无反应
50	2 h	无显著后果
100	1 h	头痛恶心
500	30 min	中毒严重或致死
1000	1~2 min	中毒致死

煤气毒性的大小,取决于煤气中一氧化碳的浓度,其浓度越高,煤气的毒性越大。冶金生产中常用的煤气中,转炉煤气中一氧化碳含量达 60%～70%,其毒性最大;高炉煤气中一氧化碳含量为 27%～30%,毒性次之;焦炉煤气的毒性较小。

天然气中虽然不含一氧化碳,无一氧化碳中毒的危险,但仍有以下危害:

(1) 天然气有窒息性。天然气存在于空气中,冲淡了氧气的浓度,供氧不足,使人感到呼吸困难;当天然气中甲烷在空气中含量大于 10% 时,氧气含量相对减少,人就会产生虚脱、眩晕、失去知觉、窒息,甚至死亡。

(2) 天然气中含有一定量的不饱和碳氢化合物。这些不饱和碳氢化合物对人体神经系统都具有不同程度的刺激性和麻醉性;人体神经麻醉严重时,心脏会失去支配和调节作用,而导致停止跳动,造成中毒死亡;所以不能对天然气丧失警惕。

6.3.1.2 煤气中毒的症状

发生煤气中毒后,虽然脉搏还在搏动,血液还在循环,却起不到新陈代谢和维持生命的作用;一旦神经失去活动能力,心脏失去支配和调节作用,就会停止跳动。尤其大脑皮层细胞,对缺氧的敏感性最高,只要缺氧 8 s,就会失去活动能力。

我国劳动卫生标准规定:在作业环境中,一氧化碳允许浓度不得超过 30 mg/m³。在这个浓度下连续作业 8 h,人体没有什么反应。

凡在一氧化碳浓度超过劳动卫生标准的环境下连续作业时,应遵守以下规定:

(1) 一氧化碳浓度为 50 mg/m³ 时,连续工作时间不应超过 1 h。

(2) 一氧化碳浓度为 100 mg/m³ 时,连续工作时间不应超过 0.5 h。

(3) 一氧化碳浓度为 200 mg/m³ 时,连续工作时间不应超过 15～20 min。

煤气中毒的程度不同症状,也各不相同:

(1) 轻微中毒。一般出现头痛、恶心、眩晕、呕吐、耳鸣、情绪烦躁等症状。

(2) 较重中毒。一般出现下肢失去控制、发生意识障碍,甚至意识丧失、口吐白沫、大小便失禁等症状。

(3) 严重中毒。会出现昏迷不醒、意识完全丧失、呼吸微弱或呼吸停止、脉搏停止等症状,中毒者处于假死状态中。

(4) 死亡中毒。一般有以下症状:外观检查心脏已停止跳动,呼吸停止;肌肉由松弛变为僵硬;瞳孔扩散,遇强光不收缩,黑暗中不扩大,对光无反应;用线缠手指不变色,不浮肿;切开指肚不出血;出现尸斑,即在背部出现淡紫色斑点;如无尸斑出现,则不应视为真死。

6.3.1.3 预防煤气中毒的措施

空气中混有煤气,大部分是由于煤气管道、设备泄漏,防范不当,措施不利,违章作业等原因所致。因此,预防煤气中毒必须从两方面入手:一是不使煤气泄漏到空气中;二是必须进行带煤气作业时,一定要佩戴氧气呼吸器,或采取其他安全措施。只要做到这两方面,就完全可以避免发生煤气中毒事故。

具体措施有:

(1) 大修、改建、新建或检修后投产的煤气设备,投产前必须经过检验、验收;测试其严密性,合格后方准投产。

(2) 发现煤气设备漏气,应立即处理;对室内煤气设备,室内安装煤气报警仪,或定期用肥皂水进行试漏检查。

（3）带煤气作业,如抽、堵盲板,堵漏等,必须戴好防毒面具,切不可蛮干。

（4）进入炉内或煤气设备内部作业,必须切断煤气来源,彻底清除残余煤气,经鸽子试验合格,或用检测仪器检验合格,或取样分析一氧化碳含量合格后方可作业;禁止凭嗅觉检查煤气。

（5）严禁用煤气取暖,不准私自乱接煤气管道。

（6）生活设施的上下水道,蒸汽管道等,严禁与煤气设施相通。

（7）带煤气作业或处理煤气时,做好监护工作,防止闲人误入。

（8）煤气区域不得一人单独工作,须两人同行;应站在上风侧工作;不得在煤气区域内长时间逗留;煤气设备附近严禁设生活间或休息室。

（9）煤气放空,若没有点火应注意放空高度、气压和风向等因素。

（10）煤气设备应设警示标志,防止误入或逗留。

6.3.1.4 煤气中毒事故的处理

发生煤气中毒事故后,应遵循下列程序处理:

（1）如发现有人中毒应迅速抢救出煤气区域,及早克服煤气中毒者的缺氧状态,并应立即通知煤气防护站和卫生所,或急救中心;当中毒者处在煤气严重污染的区域时,抢救人员必须戴防毒面具抢救中毒病人。

（2）将中毒者救出安置在上风处,解开衣领扣、腰带等,便于中毒者自主呼吸,及时吸入新鲜空气,补充氧分;在寒冷季节,应注意保暖,避免着凉。然后,立即检查中毒者的呼吸、心脏跳动、瞳孔等情况,判断中毒程度,确定相应的急救措施及处理方法。对于只是头痛、恶心、眩晕、呕吐等轻微中毒者,可直接送医院治疗;对较重度中毒者,立即现场补给氧气,待中毒者恢复知觉,呼吸正常以后,再送医院治疗;对于严重中毒者,应在现场立即施行人工呼吸,中毒者没有恢复知觉前,不准用车送厂外医院治疗。中毒者没有出现尸斑或没有医务人员确认,不得停止一切急救措施。

（3）组织查明煤气中毒原因,并立即采取防范措施。

6.3.2 煤气爆炸

6.3.2.1 煤气爆炸条件及危害

A 煤气爆炸的定义

可燃物(可燃气体或蒸汽、燃料)与空气或氧的混合比例达到爆炸极限,投入火种后,即在火种周围发生剧烈化学反应,瞬间放出大量的热,引发温度和气压急剧升高;继而又使外层可燃物达到燃点而燃烧;这种靠冲击波传播火焰的燃烧方式就是爆炸。

B 煤气爆炸的条件

煤气爆炸的条件有两点:一是煤气中混入空气或氧气;或者空气中混入煤气,混合比例达到爆炸极限范围;二是要有明火、电火,或达到煤气着火点以上温度。只要这两个条件同时具备,就能够发生爆炸。这就是煤气爆炸的必要条件。

可燃物与空气或氧的混合物混合后能发生爆炸的浓度范围就是爆炸极限。使煤气发生爆炸的煤气最低浓度称为爆炸下限,发生爆炸的最高浓度称为爆炸上限。爆炸下限愈低,爆炸下限与上限之间的差距愈大,则爆炸的危险愈大。常见煤气的爆炸浓度范围见表6-2。

表 6-2　常见煤气的爆炸浓度范围

常见煤气	高炉煤气	焦炉煤气	天 然 气
爆炸浓度范围	35% ~ 74%	5.3% ~ 31%	4.8% ~ 13.5%

C　煤气爆炸的危害

煤气爆炸产生的冲击力很大,因而其破坏和危害性也大。工厂内发生煤气爆炸可使煤气设施、炉窑、厂房等遭到破坏,同时可使人受伤致残或死亡。因此,要积极采取一切安全措施,严防煤气爆炸事故的发生。

6.3.2.2　预防煤气爆炸的措施

从根本上讲,不要同时具备煤气爆炸的两个必要条件,就可完全避免煤气爆炸事故的发生。预防煤气爆炸,可采取如下措施:

(1) 送煤气之前,应用蒸汽或氮气吹扫煤气管道,驱除管道内的空气并熄灭火种。

(2) 停用的煤气管道段,将煤气开闭器关闭严密、堵好盲板或封好水封,还应打开煤气放散管。并通入蒸汽或氮气,将管道内的残存煤气吹扫干净。

(3) 防止煤气管道呈负压,煤气压小于 1.96 kPa 时,应停止燃烧。以免煤气压继续下降造成负压而发生事故。如气压小于 0.98 kPa 时,向煤气管道通蒸汽,并及时与煤气调度联系听从指令,以防事故。

(4) 当煤气供应中断时,要迅速停止燃烧。

(5) 若在停用的煤气管段上动火,应将动火处两侧 2~3 m 的沉积物清除干净,并不断通入蒸汽。

(6) 在煤气管道上安设停电切断阀,自动切断煤气。

(7) 在空气管道上安装爆炸泄压孔,以免爆炸破坏管道。

(8) 操作上要及时关闭冷风大闸,停止烧炉。

(9) 在高炉风机停机和高炉停风时,风压放到零位又没有马上停风,会有大量煤气进入通风炉内、冷风总管内,应在停风当中打开通风炉烟道阀、冷风阀,排出积存的煤气。停风时,风压没放到零位,但停风后没有及时回压,时间较长,也可能有大量煤气进入通风炉内,同样可以用上述办法处理。

(10) 在点火燃烧时应注意,燃烧室内底温不可过低,在点火时要稳开、小开煤气调节阀,观察燃烧室内燃烧及顶温变化,以免造成大量煤气进入炉内不能燃烧,发生事故(包括烟道内的)。

(11) 热风炉停气及送气,若用焦炉煤气烘炉,必须灭火后方可停、送气。

(12) 高炉停风后必须做回压手续,排出管道中的残余煤气,以防事故的发生。

6.3.3　煤气着火事故

6.3.3.1　煤气着火的条件

煤气着火的必要条件:

(1) 助燃剂。要有足够的空气或氧气。

(2) 火源。要有明火、电火或达到煤气燃点以上的高温。

(3) 可燃气体。煤气中含有的可燃成分。

发生煤气着火事故的原因有:

（1）煤气设备和煤气管道有煤气泄漏，而且附近有火源，引起煤气着火。

（2）在煤气作业区，使用铁质工具，摩擦产生火花而引起着火。

（3）在已经停产的煤气设备上动火，没有采取防范措施而引起着火。

（4）发生煤气爆炸引起邻近的煤气管道损伤泄漏而发生着火。

（5）接地失效，雷击着火。

6.3.3.2 预防煤气着火事故的措施

预防煤气着火事故：首先要严防煤气泄漏。其次，当无法避免煤气泄漏的时候（如带煤气作业等），要避免火源存在；尽量使用铜质工具；特别情况下必须使用铁质工具、吊具时，要表面涂油，操作谨慎，防止摩擦产生火花；作业区域内严禁接近或存在火源。

在停用的煤气管道上动火时，应可靠地切断煤气来源，并将残留煤气认真吹扫干净，同时将煤气管道内的沉积物清除干净，且不断通入蒸汽。

6.3.3.3 煤气着火事故的处理

一旦发生煤气着火事故，可采取如下处理方法：

（1）应立即通知煤气防护站和消防队到现场急救。

（2）若是直径为150 mm以下的细煤气管道着火，不会由于气压下降而产生回火爆炸，可直接关闭煤气开闭器熄火。

（3）若是直径为150 mm以上的煤气管道着火，为了防止回火爆炸，应根据压力或根据火苗长短逐渐关小开闭器，降低着火处的煤气压力；但煤气压力不得低于50～100 Pa，并向管道内通入蒸汽灭火；严禁突然完全关闭煤气开闭器或封水封，以防回火爆炸。

（4）当煤气着火时间长，煤气设备烧红时，不得用水骤然冷却，以防止管道变形或断裂。

（5）若管道内部发生着火，应关闭所有放散管，封闭人孔，通入蒸汽灭火。

6.3.4 煤气事故案例

6.3.4.1 煤气中毒事故案例

案例一：

事故经过 某炼铁厂2号高炉热风炉点火前没有详细检查，由于燃烧器的一个人孔没有封闭而大量冒煤气，使炉前工、信号室操作工、看水工等多人中毒，抢救过程中，救护人员及医生也相继中毒。

事故原因 点火前未作全面、细致的检查，留下了漏洞，造成冒煤气事故，发生事故后，救护人员缺乏救护常识，不戴呼吸器进行抢救，使事故扩大。

案例二：

事故经过 某厂大夜班1号、2号高炉热风炉只有三个人上班，班长欧某，组员荀某和王某，23时20分，欧某和王某给1号高炉热风炉换炉，23时45分，欧某和荀某给2号高炉热风炉换炉，0时14分王某提出作业日志没有了，0时18分欧某去拿报表，0时22分左右王某要去换炉，荀某问他："要不要我帮忙？"。王某说"不用了"，就去换炉。换炉操作是将2号热风炉由燃烧改成送风，1号炉由送风改为燃烧。王某未按规程进行操作，在操作1号热风炉由送风改为燃烧时，使大量煤气从燃烧器逸出，而自己并未发现，以致中毒昏倒在地，又因发现较晚，抢救无效死亡。

事故原因 严重违章操作，造成大量煤气外逸，发生煤气事故。按岗位责任规定，应由两人同时进行换炉操作,由于一人操作错误,未被及时发现,中毒后在煤气区域停留时间较长,而造成死亡。

6.3.4.2　煤气爆炸事故案例

案例一:

事故经过　某厂大型高炉进行设备检修,高炉按长期休风程序进行,驱逐煤气和炉顶点火。当时炉顶两个 $\phi800\,mm$ 放散阀呈开启状态,大小钟点火后没有关闭。由于炉顶火焰位置高,加之两个 $\phi600\,mm$ 人孔只打开一个,供风量小,不能完全燃烧和稳定燃烧,导致炉顶火焰熄灭,残余煤气量大。休风后检修人员进入现场,更换布料器时电焊动火引起炉口煤气爆炸,从 $\phi800\,mm$ 放散阀、大小料钟开口和人孔处喷出火焰,当场烧伤 4 人。

事故原因　爆炸是由于炉顶火焰熄灭造成的:

(1) 残余煤气量大。该高炉容积为 2000 m^3,残余煤气量较多,在休风初期炉顶火焰位置较高,不在料面上,而在人孔处,甚至在人孔外燃烧,燃烧不稳定,极有可能失去燃点温度而熄灭,而后动火产生爆炸。

(2) 开一个人孔供风量小,若打开两个人孔,就可能两处进风,使燃烧形成两侧火焰,燃烧相对稳定。

(3) 炉顶放散阀抽力不足。

案例二:

事故经过　某煤气加压站停煤气检修,在停煤气 10 h 后,用焊割 1 号切断水封溢流水管,引起连续爆炸。

事故原因　停气时蒸汽不足,所有煤气设备、管道未用蒸汽吹扫,主要设备上的放散阀未打开,人孔也未卸开,致使设备、管道内存有大量煤气,而动火前未经联系和测定,以致引起爆炸。

案例三:

事故经过　某厂在净煤气管道上动火焊接,上午动火前试验,已发现管道内有煤气,下午又试验两次,仍然着火,就将管道上的手动阀门和电动阀关上,管道上的三个 $\phi100\,mm$ 的放散管全部打开,经 15 min 后,即认为煤气处理干净,就在第五次动火时发生爆炸,直接损失 7 万余元。

事故原因　缺乏煤气安全基本常识,停止煤气运行的管道与运行管道之间,只靠阀门切断而不堵盲板,试验发现着火,明知有煤气,又不认真处理煤气,放散管打开后,管道内吸进空气,形成爆炸性混合气体。

6.3.4.3　煤气着火事故案例

案例一:

事故经过　某厂在通往热风炉的 $\phi500\,mm$ 的焦炉煤气管道上方动火施工,用气焊切割拉杆,溅落的火花,点燃了管道中煤气,开始火很小,施工者试图用干粉灭火剂灭火,但火势越烧越大,后将该管道横向焊缝烧裂,使管道横向断裂。

事故原因　管道年久失修,腐蚀较重,出现轻微煤气泄漏,是发生着火的基本原因。动火制度管理不严,在有缺陷的管道上动火,是发生着火的直接原因。

案例二:

事故经过　某厂进行焦炉煤气管道改建,处理煤气后,不通蒸汽就动火,致使管道内沉积物挥发爆炸,使动火处 20 m 远盲板振动,盲板后加的铁牙子脱落,大量煤气外泄,造成着火。

事故原因　在已经停产的煤气设备上动火,不采取必要措施,盲目动火,致使发生着火事故。

案例三：

事故经过 某厂通往加压站的电缆铺在焦炉煤气管道上，由于架设不好，随风摇摆，电缆经常与管道加固圈摩擦，将电缆皮磨破，漏电产生火花，把该煤气管道泄漏的煤气引着，结果电缆烧毁十几米。

事故原因 煤气设备上不应架设电气设备，否则当煤气泄漏而电气设备漏电产生火化时，引起煤气着火事故。

复习思考题

1. 热风阀漏水的原因是什么，有什么后果，应如何解决？
2. 高炉出现憋风、断风事故应如何处理？
3. 换炉过程中发生阀门开关不动应如何处理？
4. 煤气中毒的原因是什么，应如何防止？
5. 作业环境中 CO 浓度与人体反应情况如何？
6. 煤气中毒的症状有哪些？
7. 应如何处理煤气中毒事故？
8. 什么叫爆炸，有何危害？
9. 煤气爆炸的条件有哪些，应如何防止？
10. 什么叫煤气爆炸极限，常见煤气的爆炸极限为多少？
11. 煤气着火的条件有哪些，应如何防止？
12. 天然气对人体有何危害？

附　　录

附录1　热风炉工自测试题

理论试题部分

一、判断题:(在题末括号内作记号,√表示对,×表示错)

1. 霍戈文式热风炉是改进型内燃式热风炉。　　　　　　　　　　　　答案:(√)

2. 混风阀的作用是向热风管道内加入一定的冷风,以使送风温度保持不变。　　答案:(√)

3. 外燃式热风炉又称为无燃烧室热风炉。　　　　　　　　　　　　　答案:(×)

4. 顶燃式热风炉与内燃式热风炉相比,在热风炉容量相同的情况下,
可使蓄热面积增加25%～30%。　　　　　　　　　　　　　　　答案:(√)

5. 5小时以下的休风称为短期休风。　　　　　　　　　　　　　　　答案:(×)

6. 风机并联的目的是为了提高风压。　　　　　　　　　　　　　　　答案:(×)

7. 冷风阀的作用是向热风总管内掺入一定量的冷风,以保持热风温度稳定不变。答案:(×)

8. 煤气只要遇到超过其着火点的温度,就会发生燃烧。　　　　　　　答案:(×)

9. 热风炉的工作是燃烧和送风交替循环进行的。　　　　　　　　　　答案:(√)

10. 一般情况下,应采用固定空气量,调节煤气量的快速烧炉法。　　　答案:(×)

11. 提高富氧率会降低理论燃烧温度。　　　　　　　　　　　　　　　答案:(×)

12. 提高风温是高炉降低焦比的重要手段。　　　　　　　　　　　　　答案:(√)

13. 空气过剩系数是烧炉时空气用量过多的指标。　　　　　　　　　　答案:(×)

14. 热风炉是通过控制向高温热风中兑入冷风的数量,以达到指定的风温水平
和稳定风温的目的。　　　　　　　　　　　　　　　　　　　　答案:(√)

15. 在煤气区作业时,应注意站在可能泄漏煤气设备的下风侧。　　　　答案:(×)

16. 热风炉单炉送风时,换炉时应先将送风的炉子改为燃烧。　　　　　答案:(×)

17. 热风炉烘炉的目的是尽快将炉顶温度烘上去,使其达到正常工作温度。答案:(×)

18. 集中助燃风机,引风机启动前应先关闭其进风口的阀门。　　　　　答案:(√)

19. 热风炉大墙是紧贴着炉壳砌筑的,其内层是绝热砖,在二者间是绝热填料。答案:(×)

20. 当热风炉炉顶温度已到指定值或升不上去时,提高烟道温度也能提高
风温水平。　　　　　　　　　　　　　　　　　　　　　　　　答案:(√)

21. 烧炉时如助燃风机突然跳闸,应首先关煤气阀,切断煤气来源。　　答案:(√)

22. 热风炉单独送风制度的换炉次序,应以离高炉最远的热风炉开始,依次进行。答案:(×)

23. 热风炉烘炉开始点火时,应从离烟囱最近的热风炉开始,依次进行。答案:(×)

24. 对于因煤气中毒而昏迷的伤员,应尽快送医院抢救。　　　　　　　答案:(×)

25. 紧急休风时应先切断煤气。　　　　　　　　　　　　　　　　　　答案:(×)

26. 热风炉内的气体呈层流状态时,对流传热效果最好。　　　　　　　答案:(×)

27. 煤气的着火温度越高,爆炸范围越小,危险性越大。　　　　　　　答案:(×)

28. 热风炉的燃烧期主要传热方式是辐射传热。　　　　　　　　　　答案：(×)

29. 热风炉烘炉时,因某种原因使炉顶温度超过规定时,应立刻降下来,
严格按烘炉曲线规定升温。　　　　　　　　　　　　　　　　　　答案：(×)

30. 直径小于或等于200 mm煤气管道着火时,可直接关闭煤气阀来灭火。　答案：(×)

31. 热风炉产生的烟气量等于燃烧时所消耗的煤气量和空气量之和。　答案：(×)

32. 随着燃烧时间的延长,热风炉热交换系数是不断增大的。　　　　答案：(×)

33. 热风炉燃烧控制废气成分时,宁愿有剩余的氧,而不希望有过量的一氧化碳。　答案：(√)

34. 煤气的爆炸范围、燃烧范围、着火范围实际上是相同的。　　　　答案：(√)

35. 进入煤气设施内工作时,测定CO含量在0.02%以下时,可较长时间工作。　答案：(×)

36. 随燃烧时间的延长,热风炉废气的显热损失将不断减少。　　　　答案：(×)

37. 在不增加煤气耗量的情况下,热风炉由单独送风改为交叉并联送风,
都可以提高风温水平。　　　　　　　　　　　　　　　　　　　答案：(×)

38. 热风炉大墙与热风出口短管结合部位应该咬砌,形成一坚固的整体。　答案：(×)

39. 格砖越厚,达到最大热交换率的时间越长。　　　　　　　　　　答案：(√)

40. 热风炉内的辐射传热只有在送风期的高温段才比较强烈。　　　　答案：(×)

41. 高炉生产的焦比越高越好。　　　　　　　　　　　　　　　　　答案：(×)

42. 焦炭是高炉冶炼的原料,主要作用是提供热量,所以焦炭只要
含碳高粉末多点也没关系。　　　　　　　　　　　　　　　　　答案：(×)

43. 当高炉冶炼强度一定时,降低焦比就意味着提高生铁产量。　　　答案：(√)

44. 高炉内的直接还原度和铁的直接还原度是一个概念。　　　　　　答案：(×)

45. 提高鼓风温度会提高鼓风动能。　　　　　　　　　　　　　　　答案：(√)

46. 提高风温能降低焦比,所以,风温越高,节省的焦炭越多。　　　答案：(×)

47. 加湿鼓风有利于提高风口前理论燃烧温度。　　　　　　　　　　答案：(×)

48. 降低富氧率会降低理论燃烧温度。　　　　　　　　　　　　　　答案：(√)

49. 煤气切断阀是在高炉休风时,迅速使高炉系统和煤气系统隔开的装置。　答案：(√)

50. 风机串联的目的是为了提高风压。　　　　　　　　　　　　　　答案：(√)

51. 煤气放散阀是在高炉休风时快速将煤气排放于大气中的设备。　　答案：(√)

52. 煤气压力调节阀只能调节高炉炉顶压力,不能进行煤气除尘。　　答案：(×)

53. 高炉鼓风机要求有一定的风量、风压调节范围。　　　　　　　　答案：(√)

54. 煤气爆炸的条件是:空气、煤气混合浓度和温度。　　　　　　　答案：(√)

55. 高炉炉型包括炉喉、炉身、炉腰、炉腹、炉底五部分。　　　　　答案：(×)

56. 焦比是冶炼1 t生铁所需要的干焦量。　　　　　　　　　　　　答案：(√)

57. 焦炭在高炉冶炼中只有起发热剂、还原剂、骨架三个作用。　　　答案：(√)

58. 用风温作为调节炉缸温度的手段是最经济的。　　　　　　　　　答案：(×)

59. 高炉内依状况不同划为五个区:①块状带;②软熔带;③滴落带;
④风口带;⑤渣铁贮存区。　　　　　　　　　　　　　　　　　答案：(√)

60. 正常烧炉,热风炉烟道温度低且上升慢时,说明热风炉换热效率高。　答案：(√)

二、单项选择题

1. 热风阀常用阀门是(　　)。　　　　　　　　　　　　　　　　答案：(B)
　A.蝶式阀　　　　　B.闸式阀　　　　　C.盘式阀

2. 首钢研制出的大功率短焰燃烧器是(　　)。　　　　　　　　　答案：(D)

A. 金属燃烧器　　　　　　　　　　　　B. 陶瓷燃烧器

C. 套筒燃烧器与金属燃烧器的结合　　　D. 金属燃烧器和陶瓷燃烧器的结合

3. 由考贝式和马琴式外燃热风炉发展而成的新式热风炉是(　　)。　　　答案:(B)

A. 地得式　　　　　B. 新日铁式　　　　C. 顶燃式　　　　　D. 改进型内燃式

4. 在热风炉实际生产时,如果煤气、空气配比合适时火焰中心呈(　　)。　　答案:(A)

A. 黄色　　　　　　B. 天蓝色　　　　　C. 暗红色

5. 理论燃烧温度是(　　)在理论上能达到的最高温度。　　　　　　　　答案:(B)

A. 软熔带　　　　　B. 燃烧带　　　　　C. 滴落带　　　　　D. 渣铁带

6. 风温带入高炉的热量,约占高炉热量收入的(　　)。　　　　　　　　答案:(C)

A. 50%　　　　　B. 70%～80%　　　C. 20%～30%　　　D. 60%

7. 最容易使人中毒的煤气是(　　)。　　　　　　　　　　　　　　　　答案:(D)

A. 高炉煤气　　　　B. 焦炉煤气　　　　C. 混合煤气　　　　D. 转炉煤气

8. 热风炉一个周期时间是指(　　)。　　　　　　　　　　　　　　　　答案:(D)

A. 送风时间 + 燃烧时间　　　　　　　　B. 送风时间 + 换炉时间

C. 燃烧时间 + 换炉时间　　　　　　　　D. 换炉时间 + 送风时间 + 燃烧时间

9. 当热风炉助燃风量不足时,应该采用(　　)的燃烧制度。　　　　　　答案:(B)

A. 固定煤气量,调节空气量　　　　　　B. 固定空气量,调节煤气量

C. 煤气量、空气量都不固定　　　　　　D. 煤气量、空气量都固定

10. 当热风炉烟道温度过高时,可通过(　　)来控制。　　　　　　　　答案:(D)

A. 加大助燃空气量　　　　　　　　　　B. 减少助燃空气量

C. 加大煤气量　　　　　　　　　　　　D. 按比例减少煤气、空气量

11. 当热风炉拱顶温度已达到规定的最高值时,烧炉操作应使空气过剩系数(　　),

控制拱顶温度不再上升。　　　　　　　　　　　　　　　　　　　　答案:(B)

A. 保持不变　　　　B. 增大　　　　　　C. 减小

12. 热风炉燃烧期和送风期,其热交换都主要在(　　)中完成。　　　　　答案:(A)

A. 蓄热室　　　　　B. 燃烧室　　　　　C. 拱顶　　　　　　D. 热风管道

13. 生产中,使用煤气时应该(　　)。　　　　　　　　　　　　　　　　答案:(C)

A. 先开气后点火　　B. 边开气边点火　　C. 先点火后开气

14. 如发生助燃风机突然停机的情况,应紧急关闭(　　)。　　　　　　　答案:(D)

A. 热风阀　　　　　B. 混风阀　　　　　C. 空气调节阀　　　D. 煤气调节阀

15. 热风阀常用驱动形式是(　　)。　　　　　　　　　　　　　　　　　答案:(B)

A. 机械　　　　　　B. 液压驱动　　　　C. 气动

16. (　　)是最常见的热风炉烘炉燃料,也是比较容易掌握和控制的。　　答案:(A)

A. 焦炉煤气　　　　B. 燃油　　　　　　C. 天然气

17. 正常情况下,风口前理论燃烧温度为(　　)。　　　　　　　　　　　答案:(B)

A. 1500℃～2050℃　B. 2000℃～2350℃　C. 2050℃～2670℃

18. 首钢炼铁厂热风炉的形式主要是(　　)。　　　　　　　　　　　　　答案:(C)

A. 内燃式　　　　　B. 外燃式　　　　　C. 顶燃式

19. 以下煤气中发热值最高的是(　　)。　　　　　　　　　　　　　　　答案:(B)

A. 高炉煤气　　　　B. 焦炉煤气　　　　C. 混合煤气　　　　D. 转炉煤气

20. 热风炉快速燃烧的目的是尽量缩短(　　)的时间。　　　　　　　　　答案:(D)

A. 燃烧期　　　　　　B. 换炉期　　　　　　C. 保温期　　　　　　D. 加热期

21. 高炉煤气可燃成分中含量最多的是(　　)。　　　　　　　　　　答案：(B)

A. CO_2　　　　　　B. CO　　　　　　C. H_2　　　　　　D. CH_4

22. 一般热风炉的废气温度不允许超过(　　)。　　　　　　　　　　答案：(C)

A. 200℃　　　　　　B. 300℃　　　　　　C. 350℃　　　　　　D. 450℃

23. 高炉用鼓风机排气压在(　　)之间。　　　　　　　　　　　　　答案：(D)

A. 0～1 MPa　　　　B. 0.15～1 MPa　　　C. 0.15～0.9 MPa　　D. 0.15～0.5 MPa

24. 耐火度是指耐火材料在高温作用下而(　　)的性能。　　　　　　答案：(A)

A. 不熔化　　　　　　B. 不开裂　　　　　　C. 不软化　　　　　　D. 不变形

25. 风机串联的目的是(　　)。　　　　　　　　　　　　　　　　　答案：(B)

A. 提高风量　　　　　B. 提高风压　　　　　C. 提高风温　　　　　D. 降低风温

26. 风机并联的目的是(　　)。　　　　　　　　　　　　　　　　　答案：(A)

A. 提高风量　　　　　B. 提高风压　　　　　C. 提高风温　　　　　D. 降低风温

27. 大型高炉都选用(　　)向高炉送风。　　　　　　　　　　　　　答案：(C)

A. 罗茨式鼓风机　　　B. 离心式鼓风机　　　C. 轴流式鼓风机

28. 大型高炉内燃式热风炉燃烧室多采用(　　)。　　　　　　　　　答案：(D)

A. 眼睛形　　　　　　B. 长方形　　　　　　C. 圆形　　　　　　D. 复合形

29. (　　)是用来将煤气和空气混合并送进燃烧室燃烧的设备。　　　答案：(A)

A. 燃烧器　　　　　　B. 烟道阀　　　　　　C. 煤气调节阀　　　　D. 冷风阀

30. 交叉并联送风制适用于具有(　　)座热风炉的高炉。　　　　　　答案：(C)

A. 2　　　　　　　　B. 3　　　　　　　　C. 4　　　　　　　　D. 5

31. 下列几种送风制度,(　　)换热效率高些。　　　　　　　　　　答案：(C)

A. 单独送风　　　　　B. 冷并联送风　　　　C. 热并联送风

32. 高炉风量相同时,采用(　　)拱顶的热风炉蓄热室断面上气流分布最好。　答案：(C)

A. 半球形　　　　　　B. 锥形　　　　　　C. 悬链线形

33. 以下燃烧室中,(　　)的煤气燃烧效果最好,且外燃式热风炉通常采用。　答案：(B)

A. 眼睛形　　　　　　B. 圆形　　　　　　C. 复合型

34. (　　)是利用工作介质的潜热来传递热量的。　　　　　　　　　答案：(C)

A. 回转式　　　　　　B. 热媒式　　　　　　C. 热管式

35. 在煤气设施取样测得 CO 含量达到(　　)以下时,连续工作不超过 1 小时
是安全的。　　　　　　　　　　　　　　　　　　　　　　　　　答案：(A)

A. 50 mg/m^3　　　B. 100 mg/m^3　　　C. 150 mg/m^3　　　D. 200 mg/m^3

36. 热风炉的中下部适宜用(　　)。　　　　　　　　　　　　　　　答案：(C)

A. 高铝砖　　　　　　B. 硅砖　　　　　　C. 黏土砖　　　　　　D. 镁砖

37. 高炉煤气的着火温度是(　　)。　　　　　　　　　　　　　　　答案：(A)

A. 550℃　　　　　　B. 700℃　　　　　　C. 800℃　　　　　　D. 1000℃

38. 与空气混合高炉煤气在(　　)范围内,形成爆炸性气体。　　　　答案：(B)

A. 1.5%～7.5%　　　B. 35%～74%　　　C. 30%～69%　　　D. 45%～90%

39. 任何类别的高炉休风操作,首先应关闭(　　)。　　　　　　　　答案：(C)

A. 热风阀　　　　　　B. 冷风阀　　　　　　C. 混风阀　　　　　　D. 烟道阀

40. 热风炉的拱顶温度受耐火材料的理化性能限制,一般将实际拱顶温度控制在(　　)。　　　答案:(A)

A. 比耐火砖平均荷重软化点低 100℃ 左右　　B. 不高于耐火砖平均荷重软化点 50℃

C. 控制在耐火砖平均荷重软化点附近

41. 为保证热风炉的强化燃烧和安全生产,大于 1000 m³ 的高炉,要求净煤气支管

处的煤气压力不低于(　　)。　　　答案:(A)

A. 6 kPa　　　　　　　　B. 3 kPa　　　　　　　　C. 10 kPa

42. 对鼓风动能影响最大的鼓风参数是(　　)。　　　答案:(A)

A. 风量　　　　　　　　B. 风口面积　　　　　　　　C. 风温

43. 大型外燃式热风炉几乎都采用(　　)。　　　答案:(A)

A. 栅格式陶瓷式燃烧器　　　　　　　　B. 套筒式陶瓷燃烧器

C. 三孔式陶瓷燃烧器　　　　　　　　D. 喷射式燃烧器

44. 热风炉操作中,(　　)用来在送风期时切断煤气管道和热风炉的联系。　　　答案:(C)

A. 燃烧器　　　　　B. 烟道阀　　　　　C. 煤气调节阀　　　　　D. 冷风阀

45. 半并联送风制度适用于(　　)座热风炉的高炉。　　　答案:(C)

A. 1　　　　　　　B. 2　　　　　　　C. 3　　　　　　　D. 4

46. 耐火材料的耐火度代表耐火材料(　　)的温度。　　　答案:(B)

A. 软化　　　　　B. 开始软化　　　　　C. 实际使用　　　　　D. 开始熔化

47. 一般用(　　)来评价耐火材料的体积稳定性。　　　答案:(C)

A. 膨胀量　　　　　B. 收缩量　　　　　C. 残余膨胀(收缩)

48. 高炉的热制度是指(　　)应具有的温度水平。　　　答案:(D)

A. 高炉　　　　　B. 炉内　　　　　C. 炉顶　　　　　D. 炉缸

49. 因仪表失灵,烘炉时实际温度超出了烘炉曲线的规定温度,应该(　　)。　　　答案:(A)

A. 保持此温度等待到烘炉曲线规定时间,然后再按升温速度升温

B. 把温度降下来使之符合此时曲线的温度要求

C. 不管是否符合曲线要求,按计划升温速度继续升温

50. 内燃式热风炉烧炉时,如果出现拱顶温度烧不上去而烟道温度上升很快,

可以判断为(　　)。　　　答案:(B)

A. 格子砖堵塞　　　　　B. 隔墙短路　　　　　C. 拱顶烧塌

三、多项选择题

1. 外燃式热风炉种类包括(　　)。　　　答案:(A、B、C、D)

A. 地得式　　　　　B. 科珀式　　　　　C. 马琴式　　　　　D. 新日铁式

2. 属于热风炉主要结构的是(　　)。　　　答案:(A、B、D)

A. 基础　　　　　B. 拱顶　　　　　C. 文氏管　　　　　D. 支柱

3. 属于高炉送风系统设备的是(　　)。　　　答案:(A、B、C、D)

A. 热风围管　　　　　B. 风口装置　　　　　C. 热风炉　　　　　D. 鼓风机

4. 影响理论燃烧温度的因素包括(　　)。　　　答案:(A、B、C、D)

A. 煤气发热值　　　　　B. 空气、煤气的预热　　　　C. 燃烧产物　　　　　D. 煤气含水量

5. 废气分析法判断燃烧制度合理的最理想状态是废气中(　　)含量为零。　　　答案:(A、C)

A. O_2　　　　　B. CO_2　　　　　C. CO　　　　　D. H_2

6. 热风炉阀门按工作原理可分为(　　)。　　　答案:(A、C、D)

  A. 闸式阀   B. 门式阀   C. 盘式阀   D. 蝶式阀

7. 耐火材料的使用性能包括( )和高温下体积稳定性。   答案：(A、B、C、D)

  A. 耐火度   B. 抗渣性   C. 耐急冷急热性   D. 高温结构强度

8. 常用燃烧器的类型有( )。   答案：(B、C)

  A. 橡胶燃烧器   B. 金属燃烧器   C. 陶瓷燃烧器   D. 木质燃烧器

9. 内燃式热风炉蓄热室种类有( )。   答案：(A、C、D)

  A. 圆形   B. 方形   C. 眼睛形   D. 复合形

10. 高炉常用鼓风机有( )等形式。   答案：(A、B、C)

  A. 旋转式   B. 离心式   C. 轴流式   D. 混合式

11. 外燃式热风炉的特点有( )。   答案：(A、B、C、D)

  A. 不存在隔墙受热不均事故   B. 燃烧室利于燃烧

  C. 允许一定的径向膨胀   D. 拱顶不与大墙发生直接关系

12. 热风炉的炉壳作用是( )。   答案：(B、C、D)

  A. 导热   B. 承受砖衬的热膨胀力

  C. 承受炉内气体的压力   D. 确保密封

13. 顶燃式热风炉的优点是( )。   答案：(B、C)

  A. 费用高   B. 布置紧凑   C. 气流分布好   D. 结构复杂

14. 陶瓷燃烧器的种类有( )。   答案：(A、B、C)

  A. 套筒式   B. 栅格式   C. 三孔式   D. 单孔式

15. 热风炉的基本送风制度有( )。   答案：(B、C、D)

  A. 一烧一送制   B. 两烧一送制   C. 交叉并联送风制   D. 半并联送风制

16. 控制空气过剩系数的方法有( )。   答案：(A、B、C)

  A. 固定空气量调节煤气量   B. 固定煤气量调节空气量

  C. 同时调节空气、煤气量   D. 同时固定空气、煤气量

17. 快速烧炉法是指以尽可能大的( )和适当的( )烧炉。   答案：(A、C)

  A. 煤气量   B. 空气量   C. 空气过剩系数   D. 煤气过剩系数

18. 三氧化二铝含量为( )的属于高铝砖。   答案：(C、D)

  A. 28%   B. 38%   C. 48%   D. 58%

19. 耐火材料在高温下抵抗炉渣侵蚀作用而不被破坏的能力叫( )。   答案：(A、C)

  A. 抗渣性   B. 耐火度   C. 化学安定性   D. 耐侵蚀性

20. 耐火材料能承受温度急剧变化而( )的能力叫耐急冷急热性。   答案：(A、D)

  A. 不破裂   B. 不软化   C. 不熔化   D. 不剥落

21. 煤气中具有毒性的成分有( )。   答案：(A、C)

  A. CO B. CH_4 C. H_2 D. O_2

22. 下列情况,( )有可能形成爆炸性气体。   答案：(A、B、C)

  A. 高炉休风时,混风阀未关

  B. 净煤气压力过低,热风炉继续烧炉

  C. 高炉长期休风,炉顶未点火

  D. 热风炉燃烧改送风,先关煤气阀,后关空气阀和烟道阀

23. 煤气具备( )条件时,爆炸才有可能发生。   答案：(B、C)

  A. 高浓度   B. 遇明火

C. 与空气混合成一定比例　　　　　　　　D. 与水蒸气混合成一定比例

24. 内燃式热风炉的蓄热面积由(　　)组成。　　　　　　　　　　　　答案：(A、C、D)

　　A. 蓄热室的受热面积　　　　　　　　　B. 热风总管受热面积

　　C. 拱顶受热面积　　　　　　　　　　　D. 燃烧室热风出口中心线以上受热面积

25. 热风炉的周期时间包括(　　)。　　　　　　　　　　　　　　　答案：(A、B、C)

　　A. 送风时间　　　　B. 换炉时间　　　　C. 燃烧时间　　　　D. 闷炉时间

26. 热风炉的热损失主要是(　　)的热损失。　　　　　　　　　　　答案：(B、C、D)

　　A. 冷却水　　　　　B. 外部　　　　　　C. 换炉　　　　　　D. 废气

27. 煤气的三大事故是(　　)。　　　　　　　　　　　　　　　　　答案：(A、B、C)

　　A. 中毒　　　　　　B. 爆炸　　　　　　C. 着火　　　　　　D. 燃烧

28. 当前蓄热式热风炉,按燃烧室所在的位置不同包括(　　)。　　　答案：(B、C、D)

　　A. 石球式　　　　　B. 外燃式　　　　　C. 内燃式　　　　　D. 顶燃式

29. 热风炉烧好的标志是(　　)达到规定值。　　　　　　　　　　　答案：(A、C)

　　A. 炉顶温度　　　　B. 燃烧室温度　　　C. 废气温度

30. 一般用(　　)来评价耐火材料体积稳定性。　　　　　　　　　　答案：(C、D)

　　A. 膨胀量　　　　　B. 收缩量　　　　　C. 残余膨胀　　　　D. 残余收缩

31. 炉缸煤气由(　　)组成。　　　　　　　　　　　　　　　　　　答案：(A、B、C)

　　A. CO　　　　　　　B. H_2　　　　　　C. N_2　　　　　　D. CO_2

32. 热风炉由(　　)组成。　　　　　　　　　　　　　　　　　　　答案：(C、D)

　　A. 内燃室　　　　　　B. 外燃室　　　　　C. 燃烧室　　　　　D. 蓄热室

33. 大型高炉一般使用(　　)式热风炉。　　　　　　　　　　　　　答案：(A、C、D)

　　A. 顶燃　　　　　　　B. 石球　　　　　　C. 内燃　　　　　　D. 外燃

34. 热风炉提高风温的途径有(　　)。　　　　　　　　　　　　　　答案：(A、B、D)

　　A. 增加蓄热面积　　　　　　　　　　　B. 预热助燃空气和煤气

　　C. 采用低效格子砖　　　　　　　　　　D. 热风炉实行自动控制

35. 富铁粉、铁精粉人工造块的主要方法有(　　)。　　　　　　　　答案：(A、C)

　　A. 烧结　　　　　　　B. 焦化　　　　　　C. 球团　　　　　　D. 炼铁

36. 高炉用主要还原剂有(　　)。　　　　　　　　　　　　　　　　答案：(A、B、C)

　　A. H_2　　　　　　　B. C　　　　　　　C. CO　　　　　　　D. CO_2

37. 休风的种类包括(　　)。　　　　　　　　　　　　　　　　　　答案：(A、C、D)

　　A. 长期休风　　　　　B. 中期休风　　　　C. 短期休风　　　　D. 特殊休风

38. 风口损坏的形式包括(　　)。　　　　　　　　　　　　　　　　答案：(A、B、D)

　　A. 熔损　　　　　　　B. 磨损　　　　　　C. 人为损坏　　　　D. 破损

39. 无钟炉顶的布料方式有(　　)。　　　　　　　　　　　　　　　答案：(A、B、C)

　　A. 环形布料　　　　　B. 扇形布料　　　　C. 螺旋布料　　　　D. 圆锥布料

40. 提高炉渣脱硫能力的措施有(　　)。　　　　　　　　　　　　　答案：(A、B)

　　A. 提高炉渣碱度　　　B. 提高温度　　　　C. 提高炉渣黏度　　D. 提高 SiO_2 含量

四、问答题

1. 热风炉烘炉的目的?

答案: (1) 使热风炉砌体内的物理水和结晶水缓慢而又充分地蒸发,增加砌筑砖衬的固结强度,

　　　避免水分突然大量蒸发产生爆裂和裂缝导致耐火材料砌体损坏。

（2）使耐火材料砌体均匀、缓慢而又充分的膨胀，避免耐火材料砌体内产生热应力集中或晶型转变导致砌体的损坏。

（3）使蓄热室内积蓄足够的热量，保证高炉烘炉和开炉所需要的风温。

2. 热风炉燃烧的调火原则有哪些？

答案：调火原则是以煤气压力为根据，以煤气流量为参考，以调节空气量和煤气量为手段，达到炉顶温度上升的目的。

具体操作方法是：

（1）开始燃烧时，根据高炉所需要的风温水平来决定燃烧操作，一般应以最大的煤气量和最小的空气过剩系数来强化燃烧。空气过剩系数的选择要在保持完全燃烧的情况下，尽量选小，以利尽快将炉顶温度烧到规定值。

（2）炉顶温度达到规定温度时，应适当加大空气过剩系数，保持炉顶温度不上升，提高烟道废气温度，增加热风炉中下部的蓄热量。

（3）若炉顶温度、烟道温度同时达到规定温度时，应该采取换炉通风的办法，而不应该减烧。

（4）若烟道温度达到规定温度时，仍不能换炉，应当减少煤气量来保持烟道温度不上升。

（5）如果高炉不正常，风温水平要求较低延续时间在 4 h 以上时，应采取减烧与并联送风的措施。

3. 热风炉燃烧制度控制原理？

答案：燃烧制度是为送风周期储备热量而制订的。其控制原理是：用调节煤气热值的方法控制热风炉拱顶温度，用调节煤气总流量的方法控制废气温度，助燃空气流量则根据煤气成分和流量设定的空燃比例（加上合理的过剩空气系数）来控制。

4. 蓄热式热风炉的工作原理是什么？

答案：蓄热式热风炉每个循环工作周期包括燃烧期和送风期。

工作原理的实质，就是燃料在燃烧过程中加热格子砖，格子砖将燃烧热量储备起来；当转为送风期后，格子砖再将热量传递给冷风，冷风加热升温后送入高炉炼铁。

燃烧期：主要任务是将热风炉格子砖加热到一定温度。此时关闭冷风入口和热风出口，按一定比例的煤气和空气从燃烧器送入，煤气燃烧，燃烧产物即废气也叫烟气，经格子砖由出口过烟道从烟囱排放，废气在流动过程中将格子砖加热到需要的高温，然后转入送风期。

送风期：主要任务是将鼓风机送来的冷风加热到 1000~1200℃ 送入高炉。此时燃烧器和烟气出口关闭，冷风入口和热风出口打开，由鼓风机经冷风管道送来的冷风通过格孔时被加热，热风经热风出口和管道送入高炉。经过一段时间后，格子砖蓄存的热量减少，进入的冷风不能加热到预期的温度，这时就由送风期再次转入燃烧期。

一座热风炉经过燃烧期和送风期即完成了一个循环，热风炉就是这样燃烧和送风不断循环地工作着。

5. 顶燃式热风炉与外燃式热风炉比较？

答案：（1）占地少、投资省、可节约大量的钢材和耐火材料，效率高。

（2）砌砖结构简单，节省大量的异形砖。

（3）钢结构简单，可以避免和减少晶间应力腐蚀的可能性。

6. 换炉操作有哪些基本原则？

答案：（1）确保高炉不能断风，必须换上热炉之后才能停冷炉子。

　　(2) 严防煤气爆炸。送风前煤气系统一定要和热风炉切断,停止烧炉时先关煤气阀后停风机。烧炉开始时检查煤气是否点着。

　　(3) 不能让高炉煤气倒灌到冷风管道中去。

7. 送风改烧炉的换炉操作?

答案:送风——→燃烧操作步骤为:

　　关闭冷风阀→关闭热风阀→打开废风阀,放尽炉内废风,进行均压→待炉内均压完成后打开烟道阀(2 台)→关闭废风阀→开空气燃烧阀→打开煤气燃烧阀→打开煤气切断阀→打开空气调节阀,慢开小开点火→打开煤气调节阀,同样要慢开小开点火→当火点燃后,根据风温的需要设定煤气与空气量,进行正常燃烧。

8. 顶燃式热风炉与内燃式热风炉比较?

答案:(1) 顶燃式热风炉采用短焰燃烧器,直接在拱顶下的空间内燃烧,并能保证煤气完全燃烧,减少了燃烧时的热损失。由于取消了燃烧室,使蓄热面积增加 25% ~ 30%,从而增加了蓄热能力。

　　(2) 取消了侧面的燃烧室,从根本上消除了燃烧室和蓄热室中、下部产生"短路"的可能。

　　(3) 顶燃式热风炉炉顶结构对称而稳定,炉型简单,结构强度高,受力均匀,温度区分明。

　　(4) 气流分布均匀

　　(5) 节省了热风炉操作平台周围的空间,节省了占地面积。

9. 热风炉送风有哪些制度?

答案:当高炉有 3 座热风炉时,送风制度有两烧一送、一烧两送、半并联交叉等三种。有 4 座热风炉时,送风制度有三烧一送、并联、交叉并联等三种。在这些方法中最常用的有单炉送风和交叉并联送风或半并联交叉送风。

10. 烧炉改为送风的换炉操作?

答案:燃烧——→送风操作步骤为:

　　关闭煤气调节阀→关闭空气调节阀→关闭煤气切断阀(连动)打开煤气放散阀→关闭煤气燃烧阀→关闭空气燃烧阀→关闭烟道(2 台)阀→打开冷风均压阀,对炉内进行均压→待炉内均压完成后打开冷风阀→开热风阀→开混风调节阀调节风温。

五、辨析题

1. 提高富氧率会降低理论燃烧温度。

答案:(×)

原因:鼓风富氧率提高后,燃烧同样的燃料,入炉的风量将减少,使产生的煤气量减少,从而会使理论燃烧温度提高。

2. 混风阀的作用是向热风管道内加入一定的冷风,以使送风温度保持不变。

答案:(√)

原因:高炉送风为了稳定风温依靠混风阀的开启向热风管道内加入一定的冷风。

3. 冷风阀的作用是向热风总管内掺入一定量的冷风,以保持热风温度稳定不变。

答案:(×)

原因:高炉送风为了稳定风温依靠混风阀的开启向热风管道内加入一定的冷风。

4. 煤气只要遇到超过其着火点的温度,就会发生燃烧。

答案:(×)

原因:无助燃氧气的存在煤气不会进行燃烧。

5. 单座热风炉可以连续向高炉送风。

答案：（×）

原因：热风炉工作时燃烧期和送风期是交替进行的,所以要保证向高炉连续送风必须配备两座以上的热风炉。

6. 外燃式热风炉又称为无燃烧室热风炉。

答案：（×）

原因：顶燃式热风炉不设单独的燃烧室,利用拱顶空间燃烧煤气,所以又称为无燃烧室热风炉。

7. 四座热风炉常采用交叉并联式布置方式。

答案：（√）

原因：采用交叉并联式布置方式可以保持双炉送风,充分利用热风炉热能。

8. 提高风温是高炉扩大喷吹、降低焦比的重要手段。

答案：（√）

原因：提高风温后,热风带入的物理热增加,可代替部分焦炭燃烧放出的热量,因此可降低焦比;风温提高后,可为喷吹燃料提供热补偿,因此,有利于增加喷吹量。

9. 用喷吹量调节炉温不如风温或湿分见效迅速。

答案：（√）

原因：用喷吹量调节炉温时,有热量滞后现象,而用风温或湿分调炉温时,直接影响炉缸的热量收入与支出,对炉温的影响很快就能显现出来,所以用喷吹量调炉温不如风温或湿分见效迅速。

10. 当高炉冶炼强度一定时,降低焦比就意味着提高生铁产量。

答案：（√）

原因：高炉生产的利用系数与冶炼强度成正比,与焦比成反比,因此高炉冶炼强度一定时,降低焦比可提高生铁产量。

11. 首钢普遍采用外燃式热风炉。

答案：（×）

原因：首钢目前普遍采用的是顶燃式热风炉。

12. 鼓风动能增大,燃烧带向炉缸中心延伸。

答案：（√）

原因：当鼓风动能增大时,热风中的氧气向炉内进入较深,接近炉缸中心燃烧的焦炭,使燃烧带向炉缸中心延伸。

13. 焦炭回旋区不是高炉中唯一存在的氧化性区域。

答案：（×）

原因：高炉内始终贯穿还原反应,只在回旋区进行焦炭与氧气的燃烧——氧化反应,所以炉内回旋区是高炉中唯一存在的氧化性区域。

14. 洗炉料洗炉适用于高炉上部结瘤。

答案：（×）

原因：洗炉料洗炉是靠降低炉渣熔点,提高炉渣流动性来洗掉黏结物,而在高炉上部还没有液态炉渣出现,因此,高炉上部结瘤一般都采用煤气流冲刷和炸瘤的方法去除。

15. 铸造生铁是由[Si]含量小于 1.25% 的 Fe、Mn、P、S、O 等元素组成的合金。

答案：（×）

原因：铸造生铁与炼钢生铁是以含硅量来区分的,[Si]含量大于 1.25% 的是铸造生铁,因此,铸造生铁是由[Si]含量大于 1.25% 的 Fe、Mn、P、S、C 等元素组成的合金。

16．间接还原是放热效应,所以发展间接还原可以降低炉内热消耗,对减少发热剂使用有利,因此应争取 100％间接还原。

答案：(×)

原因：间接还原是放热效应,所以发展间接还原可以降低炉内热消耗,对减少发热剂的碳使用有利,但间接还原作为还原剂的碳消耗多,因此,100％间接还原对降低焦比并不利。

17．改变风口长度,可调节边缘和中心气流。

答案：(√)

原因：改变风口长度,可改变燃烧带在炉内的位置,从而使煤气流向边缘或中心发展。

18．高炉发生炉缸"冻结"时应采取降低风温措施。

答案：(×)

原因：高炉发生炉缸"冻结"时,应尽可能提高炉缸温度,将凝固的渣铁化开,排出炉外,以利于高炉接受风量,尽快使上部净焦和轻料到达炉缸,因此,应保持较高风温水平。

19．FeO 是含铁化合物,烧结矿中 FeO 越高越好。

答案：(×)

原因：由于 FeO 难还原,烧结生产中,一般用 FeO 的含量表示烧结矿的还原性,FeO 含量越高,烧结矿还原性越差,因此,烧结矿中 FeO 越低越好。

20．M_{10}(％)表示焦炭耐磨强度指标。

答案：(√)

原因：焦炭强度是通过转鼓试验来测定的,转鼓试样经筛分后,用小于 10 mm 的焦炭占焦炭试样的重量百分数作为耐磨强度指标,用 M_{10} 表示。

实践操作试题部分

热风炉初级工操作技能试卷(A)

一、试题名称：热风炉换炉操作。

二、试题内容：

1．接班后的准备工作；

2．换炉前的准备工作；

3．换炉时间及顺序的掌握；

4．风温、风压波动情况；

5．换炉时间；

6．安全文明生产。

三、考前准备：提前15分钟到考试现场,并穿戴好劳动保护用品。

四、工艺技术条件：参照本单位各种操作规程。

五、口述：现场口述。

六、考核配分及评分标准：100分,见附表1。

附表1　操作技能考核配分及评分标准

项目	编号	考核内容	考核要求	配分	评分标准	考核方式	扣分	得分
主要操作	01	开机前的准备工作	按接班规定执行准确无误	20	设备存在问题没处理,工具不齐全,操作牌、仓存检查没汇报,交班未签字,一项未做到扣2分			
	02	1．换炉前的准备工作	与工长联系经允许进行换炉,每班换炉6~8次	10	1．违反一次扣5分, 2．未做到扣5分			
		2．换炉时间及顺序的掌握	按炉号顺序换炉,按换炉时间换炉	10	1．换错一次扣5分 2．超时间一次扣5分			
		3．风温、风压波动情况	风温波动为±20℃,风压波动为不大于0.005 MPa,	20	1．大于20℃一次扣5分 2．大于0.005 MPa一次扣5分			
		4．换炉时间	换炉时间规定10分钟	20	1．每超1分钟扣5分			
文明生产	03	安全文明生产	岗位实际检查	20	清扫标准,无灰尘、无油污、无杂物,机光,马达亮,设备见本色,每有一项未做到扣2分 劳保品穿戴整齐,操作室打扫干净,卫生良好,清扫工具按指定地点码放整齐,未做到扣10分			

考核总时限：60分钟,每超10分钟扣5分,超过20分钟停止作业。

考评组长：　　　　考评员：　　　　分数：　　　　总分人：　　　　　　　年　月　日

热风炉中级工操作技能试卷(B)

一、试题名称:

热风炉一周期的操作和高炉计划检修时的休、复风操作。

技术条件:

1. 按本厂燃料及设备条件。

2. 执行本岗位各种规程。

二、试题内容:

1. 确定合理的送风、燃烧制度;

2. 高炉计划休风和事故处理;

3. 热风炉烘、冷炉操作;

4. 预热器操作;

5. 热风炉设备及仪器、仪表、计算机的维护、保养。

三、考前准备: 提前15分钟到考试现场,并穿戴好劳动保护用品。

四、工艺技术条件: 参照本单位各种操作规程。

五、口述: 现场口述。

六、考核配分及评分标准: 100分,见附表2。

附表2　操作技能考核配分及评分标准

项目	编号	内　容	要　求	配分	评分标准	方式	扣分	得分
主要项目	01	确定合理的燃烧、送风制度	煤气耗量适应高炉对风温的需要,并留有提高风温的余地	10	能耗过高或不满足高炉风温需要扣1~10分	口试		
	02	计划休风操作	操作顺序正确,赶煤气操作达到检修安全要求	10	操作顺序出错,赶煤气操作未达到安全要求扣5~10分	口试		
			热风炉更换热风阀、混风阀等设备时的配合操作	5	配合不当扣5分	口试		
	03	事故处理	高炉风机突然停风和高炉断水、炉前事故的紧急休风操作	10	操作不当扣1~10分	口试		
			热风炉跑风、断水、冷却器烧坏等异常事故的判断和处理	15	不能正确判断和处理扣5~15分	口试		
	04	热风炉烘炉、冷炉	热风炉烘炉、冷炉的准备和烘炉、冷炉过程控制	10	操作不当扣1~10分	口试		
	05	预热器操作	预热系统的温控操作,平衡煤气、空气预热器温度的技术	10	调节不合理扣1~10分	口试		

续附表 2

项目	编号	内容	要求	配分	评分标准	方式	扣分	得分
一般项目	06	正确操作和维护保养设备	掌握热风炉各设备性能,当电气设备出现故障时会手动操作	5	不熟悉设备性能,不会手动操作,扣5分	口试		
			进行设备的点检、巡检,处理一般故障	10	不了解点检、巡检制度扣10分	口试		
文明生产	07	安全操作规程和定置管理及文明生产	按规定标准评定	15	违反有关规定扣1~15分	口试		

考核总时限:60 分钟,每超 10 分钟扣 5 分,超过 20 分钟停止作业。

考评组长:　　　　考评员:　　　　分　数:　　　　总分人:　　　　　　年　月　日

热风炉高级工操作技能试卷(C)

一、试题名称:

高炉大、中修停炉、开炉时煤气系统的安全操作和热风炉凉炉、烘炉时的操作。

技术条件:

1．按本厂燃料及设备条件。

2．执行本岗位各种规程。

二、试题内容:

1．按高炉停炉、开炉时的安全要求进行煤气的停、送操作和热风炉凉炉、烘炉操作;

2．高炉停炉时煤气系统的安全处理,达到各设备大修的安全要求;

3．高炉开炉时,煤气系统的安全处理,满足热风炉烘炉时的需要;

4．热风炉冷却操作,达到保护设备和检修的要求;

5．热风炉烘炉前的准备工作和烘炉曲线的准备方案。

三、考前准备:提前 15 分钟到考试现场,并穿戴好劳动保护用品。

四、工艺技术条件:参照本单位各种操作规程。

五、口述:现场口述。

六、考核配分及评分标准:100 分,见附表 3。

附表 3　操作技能考核配分及评分标准

项目	编号	内容	要求	配分	评分标准	方式	扣分	得分
主要项目	01	高炉停炉时的煤气系统安全处理	根据大中修时的需要对煤气系统的处理过程	15	答错一项扣5分	口试		

项目	编号	内容	要求	配分	评分标准	方式	扣分	得分
主要项目	02	高炉开炉时的煤气系统安全处理	高炉开炉时对煤气系统的处理过程	10	答错一项扣 5 分	口试		
	03	热风炉凉炉操作	按检修时间要求进行凉炉操作	10	答错一项扣 5 分	口试		
	04	热风炉烘炉前的准备工作和烘炉曲线的确定	确保热风炉烘炉的顺利进行	25	答错一项扣 3 分	口试		
一般项目	05	正确使用操作设备	按规程进行操作	10	违反规程操作扣 1~10 分	口试		
	06	设备验收要求	各设备验收要点	20	回答不全扣 1~10 分	口试		
文明生产	07	安全操作规程和定置管理及文明生产	按规定标准评定	10	违反有关规定扣 1~10 分	口试		

考核总时限:60 分钟,每超 10 分钟扣 5 分,超过 20 分钟停止作业。

考评组长: 考评员: 分 数: 总分人: 年 月 日

附录 2 常用数据

附表 4 炼钢生铁的国家标准(GB/T 717—1998)

铁 号		牌 号	炼 04	炼 08	炼 10
		代 号	L04	L08	L10
		C	≥3.5		
化学成分 (质量分数)/%		Si	≤0.45	>0.45~0.85	>0.85~1.25
	Mn	1 组	≤0.40		
		2 组	>0.40~1.00		
		3 组	>1.00~2.00		
	P	特 级	≤0.100		
		1 级	>0.100~0.150		
		2 级	>0.150~0.250		
		3 级	>0.250~0.400		
	S	特 类	≤0.020		
		1 类	>0.020~0.030		
		2 类	>0.030~0.050		
		3 类	>0.050~0.070		

附表 5 铸造生铁的国家标准(GB718—82)

铁 号		牌号	铸 34	铸 30	铸 26	铸 22	铸 18	铸 14
		代 号	Z34	Z30	Z26	Z22	Z18	Z14
		C	>3.3					
		Si	>3.2~3.6	>2.8~3.2	>2.4~2.8	>2.0~2.4	>1.6~2.0	>1.25~1.6
化学成分 (质量分数)/%	Mn	1 组	≤0.50					
		2 组	>0.50~0.90					
		3 组	>0.90~1.30					
	P	1 级	≤0.06					
		2 级	>0.06~0.10					
		3 级	>0.10~0.20					
		4 级	>0.20~0.40					
		5 级	>0.40~0.90					
	S	1 类	≤0.03				≤0.04	
		2 类	≤0.04				≤0.05	
		3 类	≤0.05				≤0.06	

附表 6 球墨铸铁的国家标准(GB1412—85)

铁 号		牌 号	球 10	球 13	球 18
		代 号	Q10	Q13	Q18
		C	≥3.40		
化学成分 (质量分数)/%		Si	≤1.00	>1.00~1.50	>1.50~2.00
	Mn	1 组	≤0.30		
		2 组	>0.30~0.50		
		3 组	>0.50~0.80		

续附表 6

铁　号	牌　号		球 10	球 13	球 18
	代　号		Q10	Q13	Q18
	C		≥3.40		
化学成分 （质量分数）/%	P	1 级 2 级 3 级	≤0.06 >0.06～0.08 >0.08～0.10		
	S	1 类 2 类 3 类	≤0.03 ≤0.04 ≤0.045		
	Cr		≤0.030		

附表 7　酸性铁球团矿的技术标准（YB/T 005—2005，代替 YB/T 005—91）

项目 名称	品级	化学成分(质量分数)/%				物理性能/%					冶金性能/%		
		TFe	FeO	SiO₂	S	单球抗 压强度 /N	转鼓 指数 (+6.3mm)	抗磨 指数 (-0.5mm)	筛分 指数 (-5mm)	粒度 (8mm ～ 16mm)	膨胀 率	还原 度指 数 RI	低温还 原粉化 指数 RDI (+3.15mm)
指标	一级品	≥64.00	≤1.00	≤5.50	≤0.02	≥2000	≥90.00	≤6.00	≤3.00	≥85.00	≥15.00	≥70.00	≥70.00
	二级品	≥62.00	≤2.00	≤7.00	≤0.06	≥1800	≥86.00	≤8.00	≤5.00	≥80.00	≤20.00	≤65.00	≥65.00
允许 波动 范围	一级品	±0.40	—	—	—	—	—	—	—	—	—	—	—
	二级品	±0.80	—	—	—	—	—	—	—	—	—	—	—

注：抗磨指数、冶金性能指标应报出检验数据，暂不作考核指标，其检验周期由各厂自定。

附表 8　普通铁烧结矿技术标准（YB/T 421—2005）

项目名称		化学成分(质量分数)/%				物理性能/%			冶金性能/%	
		TFe	CaO/SiO₂	FeO	S	转鼓指数 (+6.3mm)	筛分指数 (-5mm)	抗磨指数 (-0.5mm)	低温还原 粉化指数 RDI (+3.15mm)	还原度 指数 RI
碱度	品级	允许波动范围		不大于						
1.50 ～ 2.50	一级	±0.50	±0.08	11.00	0.060	≥68.00	≤7.00	≤7.00	≥72.00	≥78.00
	二级	±1.00	±0.12	12.00	0.080	≥65.00	≤9.00	≤8.00	≥70.00	≥75.00
1.00 ～ 1.50	一级	±0.50	±0.05	12.00	0.040	≥64.00	≤9.00	≤8.00	≥74.00	≥74.00
	二级	±1.00	±0.10	13.00	0.060	≥61.00	≤11.00	≤9.00	≥72.00	≥72.00

注：TFe、CaO/SiO₂（碱度）的基数由各生产企业自定。

附表 9　优质铁烧结矿技术标准(YB/T 421—2005)

项目名称	化学成分(质量分数)/%				物理性能/%			冶金性能/%	
	TFe	CaO/SiO$_2$	FeO	S	转鼓指数 (+6.3mm)	筛分指数 (-5mm)	抗磨指数 (-0.5mm)	低温还原粉 化指数 RDI (+3.15mm)	还原度 指数 RI
允许 波动范围	±0.40	±0.05	±0.05	—					
指　标	≥57.00	≥1.70	≤9.00	≤0.030	≥72.00	≤6.00	≤7.00	≥72.00	≥78.00

注:TFe、CaO/SiO$_2$(碱度)的基数由各生产企业自定。

附表 10　各牌号生铁折合炼钢生铁系数

生铁种类	铁　号	折合产量系数
炼钢生铁	各　号	1.00
铸造生铁	铸 14	1.14
	铸 18	1.18
	铸 22	1.22
	铸 26	1.26
	铸 30	1.30
	铸 34	1.34
球墨铸造生铁	球 10	1.00
	球 13	1.13
	球 18	1.18
	球 20	1.20
含钒生铁	钒含量大于 0.2% 各号	1.05
含钒钛生铁	钒含量大于 0.2%、 钛含量大于 0.1% 各号	1.10

附表 11　各种燃料折合干焦系数

燃料名称	计算单位	折合干焦系数
焦炭(干焦)	kg/kg	1.0
焦　丁	kg/kg	0.9
重油(包括原油)	kg/kg	1.2
喷吹用煤粉　≤10%	kg/kg	1.0
10%<灰分≤12%	kg/kg	0.9
12%<灰分≤15%	kg/kg	0.8
15%<灰分≤20%	kg/kg	0.7
灰分>20%	kg/kg	0.6
沥青煤焦油	kg/kg	1.0
天然气	kg/m^3	1.1
焦炉煤气	kg/m^3	0.5
木炭、石油焦	kg/kg	1.0
型焦或硫焦	kg/kg	0.8

附表 12　高炉主要用燃料参考发热值

燃料名称	发热值/kJ·kg⁻¹	燃料名称	发热值/kJ·m⁻³
标准煤	29288	焦炉煤气	16329~17585
烟煤	29300~35170	高炉煤气	3349~4187
褐煤	20934~30145	天然气	33494~41868
无烟煤	29308~34332	发生炉煤气	5024~6699
焦炭	29308~33913	水煤气	10048~11304
重油	40612~41868		

附表 13　部分气体和蒸汽与空气混合的爆炸浓度极限

气体名称	气体在混合物中的含量			
	体积分数/%		质量分数/%	
	下限	上限	下限	上限
水煤气	6~9	55~70	30~45	275~350
高炉煤气	35	74	315	666
天然气	4.8	13.5	24.0	67.5
焦炉煤气	5.3	31.0	22.3	130.2
发生炉煤气	32	72		
氨	16.0	27.0	111.2	187.7
氢	4.1	75.0	3.4	61.5
一氧化碳	12.8	75.0	146.5	858.0
硫化氢	4.3	45.5	59.9	633.0
汽油	1.0	6.0	37.2	223.0
煤油、矿物油	1.4	7.5		
甲烷	5.0	15.0	32.7	98.0
乙炔	2.6	80.0	27.6	850.0

附表 14　主要化学元素的符号和基本性质

元素名称	元素符号	相对原子质量	密度/t·m⁻³	熔点/℃	沸点/℃
铁	Fe	55.85	7.86	1538	3000
碳	C	12.01	2.25(石墨)	>3550	4827
硅(矽)	Si	28.09	2.33	1410	2355
锰	Mn	54.94	7.20	1244	2097
磷	P	30.97	1.82(白磷)	44	280
硫	S	32.06	2.07	113	445
铝	Al	26.98	2.70	660	2467
钙	Ca	40.08	1.54	842~848	1487
镁	Mg	24.31	1.74	651	1107

元素名称	元素符号	相对原子质量	密度/t·m^{-3}	熔点/℃	沸点/℃
钒	V	50.94	5.96	约 1890	约 3000
钛	Ti	47.88	4.5	1675	3260
钾	K	39.10	0.86	64	774
钠	Na	22.99	0.97	98	892
铬	Cr	52.00	7.2	1890	2482
铜	Cu	63.55	8.92	1083	2595
铅	Pb	207.2	11.34	327	1744
氢	H	1.01	0.0902 kg/m^3(标态)	−259	−253
氧	O	16.00	1.429 kg/m^3(标态)	−218	−183
氮	N	14.01	1.251 kg/m^3(标态)	−210	−196

附表 15　各种耐火材料的主要性能

名　称	牌　号	耐火度/℃	荷重软化开始温度(196 kPa)/℃	耐急冷急热性/次	抗渣性 碱性渣	抗渣性 酸性渣	体积稳定性 线膨胀系数/K^{-1}	体积稳定性 残余胀缩率/%
半酸性砖	HB-65	1670	1250	4~15	差	较好	5.2×10^{-6}	残缩 0.5
黏土砖	NZ-30	1610	1250	5~25			5.2×10^{-6}	残缩 0.5
	NZ-35	1670	1250					
	NZ-40	1730	1300					
高铝砖	LZ-48	1750	1420		较好	较好	5.8×10^{-6}	残缩 0.7
	LZ-55	1770	1470					
	LZ-65	1790	1500					
硅砖	GZ-94	1710	1640	1~2	极差	好	32.6×10^{-6} (20~300℃)	残胀
	GZ-93	1690	1620				7.4×10^{-6} (20~1670℃)	
镁砖	M-87	2000	1500	1~4	好	极差		残缩
镁铝砖	ML-80	2100	1500~1580	20~35	好	较差		
白云石砖	CaO 不低于 40%	1700~1800			好	差		残缩
炭砖		2800	2000	好	好	好	5.39×10^{-6}	较小
碳化硅制品	甲等	2100	1700				1.17×10^{-6}	
轻质黏土砖	QN-1.3a	1710			差	差		
	QN-1.0	1670						
	QN-0.8	1670						
	QN-0.4	1670						
轻质高铝砖	QL-0.7	1860	1250		差	差		
	QL-1.0	1920	1400					
	QL-1.3	1920						
	QL-1.5	1920	1500					
轻质硅砖	QG-1.2	1670	1560		极差	差		
硅藻土转		1280		10	差	差		
蛭石制品					差	差		
石棉								
矿渣棉		700						

名　称	允　许 使用温度/℃	常温耐 压强度 /MPa	体积密度 /g·cm⁻³	气孔率 （不大于） /%	热　导　率		热　容　量	
					λ/W·m⁻¹ ·K⁻¹	温度 系数 b	c_p/ J·kg⁻¹·K⁻¹	b^2
半酸性砖	1250～1300	19.6	2.00	22	0.87	0.52×10^{-3}	836.8	0.263
黏土砖	1200～1250	12.3	2.70	28	0.84	0.58×10^{-3}	836.8	0.263
	1250～1300	14.7		26				
	1300～1400	14.7		26				
高铝砖	1650～1670	39.2	2.19	23	1.50		836.8	0.234
			2.30	23				
			2.50	23		-0.19×10^{-3}		
硅　砖	1650	19.6	1.90	23	0.93	0.7×10^{-3}	794.0	0.292
	1600	17.2		25				
镁　砖	1650～1670	39.2	2.80	20	4.32	0.51×10^{-3}	940.0	0.251
镁铝砖		34.2	3.00	19				
白云石砖	1700	49.0		20				
炭　砖	2000	14.7～24.5	1.35～1.5	20～35	23.23	34.8×10^{-3}	836.8	
碳化硅制品	1600	68.6	26.5	15	9.3～10.45	0	1010.0	0.46
轻质黏土砖	1400	4.4	1.3		0.41	0.36×10^{-3}	836.8	0.263
	1300	2.9	1.0		0.29	0.26×10^{-3}		
	1250	2.0	0.8		0.21	0.43×10^{-3}		
	1150	0.6	0.4		0.09	0.16×10^{-3}		
轻质高铝砖	1250	7.8	0.77		0.90～1.05			
	1400	12.7	1.02					
	1450	7.8	1.33					
	1500	16.3	1.50					
轻质硅砖	1500	3.4	1.2	55	0.92～1.05			
硅藻土砖	900～1000	0.4～1.2	0.35～0.95		0.12～0.27			
蛭石制品	900～1000	0.2～0.5	0.07～0.28		0.06～0.08	0.31×10^{-3}	656.0	
石　棉	500		0.22～0.8		0.09～0.14		814.0	
矿渣棉	800～900		0.10～0.3		0.06～0.11		751.0	
膨胀蛭石	70～90		0.3～0.5		0.081～0.139			

参 考 文 献

1　由文泉,赵民革.实用高炉炼铁技术.北京:冶金工业出版社,2002

2　卢宇飞.炼铁工艺.北京:冶金工业出版社,2006

3　刘全兴.高炉热风炉操作与煤气知识问答.北京:冶金工业出版社,2005

4　任贵义.炼铁学.北京:冶金工业出版社,1996

5　贾　艳,李文兴.高炉炼铁基础知识.北京:冶金工业出版社,2005

6　吴金源.耐火材料.北京:兵器工业出版社,2001

7　尹汝珊等.耐火材料技术问答.北京:冶金工业出版社,2004

8　王筱留.钢铁冶金学(炼铁部分).北京:冶金工业出版社,2002

9　王筱留.高炉生产知识问答(第2版).北京:冶金工业出版社,2004

10　韩志进.高炉炼铁实习.北京:兵器工业出版社,2003

冶金工业出版社部分图书推荐

书 名	作 者	定价（元）
钢铁冶金原理（第4版）（本科教材）	黄希祜 编	82.00
冶金传输原理（本科教材）	刘 坤 等编	46.00
冶金传输原理习题集（本科教材）	刘忠锁 等编	10.00
冶金热工基础（本科教材）	朱光俊 主编	36.00
钢铁冶金原燃料及辅助材料（本科教材）	储满生 主编	59.00
铁矿粉烧结原理与工艺（本科教材）	龙红明 编	28.00
现代冶金工艺学（钢铁冶金卷）（第2版）（本科教材）	朱苗勇 主编	75.00
钢铁冶金学（炼铁部分）（第4版）（本科教材）	王筱留 主编	65.00
炉外精炼教程（本科教材）	高泽平 主编	40.00
连续铸钢（第2版）（本科教材）	贺道中 主编	38.00
钢铁模拟冶炼指导教程（本科教材）	王一雍 等编	25.00
炼铁厂设计原理（本科教材）	万 新 主编	38.00
炼钢厂设计原理（本科教材）	王令福 主编	29.00
物理化学（第2版）（高职高专国规教材）	邓基芹 主编	35.00
无机化学（高职高专教材）	邓基芹 主编	36.00
煤化学（高职高专教材）	邓基芹 主编	25.00
冶金专业英语（第2版）（高职高专国规教材）	侯向东 主编	36.00
冶金原理（第2版）（高职高专教材）	卢宇飞 主编	45.00
金属材料及热处理（高职高专教材）	王悦祥 等编	35.00
烧结矿与球团矿生产（高职高专教材）	王悦祥 主编	29.00
烧结矿与球团矿生产实训（高职高专教材）	吕晓芳 等编	36.00
炼铁技术（高职高专教材国规）	卢宇飞 主编	29.00
炼铁工艺及设备（高职高专教材）	郑金星 主编	49.00
高炉冶炼操作与控制（高职高专教材）	侯向东 主编	49.00
高炉炼铁设备（高职高专教材）	王宏启 主编	36.00
高炉炼铁生产实训（高职高专教材）	高岗强 等编	35.00
铁合金生产工艺与设备（第2版）（高职高专国规教材）	刘 卫 主编	39.00
炼钢工艺及设备（高职高专教材）	郑金星 等编	49.00
连续铸钢操作与控制（高职高专教材）	冯 捷 等编	39.00
矿热炉控制与操作（高职高专国规教材）	石 富 主编	37.00